AI仕事術シリーズ

Perplexity

パープレキシティ

最強のAI検索術

池田朋弘　リモートワーク研究所
Workstyle Evolution代表

芸術新聞社

はじめに

生成AI時代の到来により、私たちの仕事や生活が大きく変わろうとしています。

ChatGPTの登場で、アイデア出し・文章作成・要約・チェック・判断・プログラミングなど、これまで人間にしかできないと思われていた、様々な知的労働が生成AIで実現可能と知らしめ、多岐にわたる業務が劇的に効率化できるようになりました。先進的な企業では、ChatGPTのような生成AIを全社的に導入することで、すでに1日1時間以上の時間削減を実現しています。

また2024年9月にリリースされたChatGPTのAdvanced Voice Modeを使うと、ほとんど人間と会話しているようなスピード感で自然な会話を行うことができるようになりました。この機能により、英会話の練習や、逐次の言語通訳などもAIでできます。

しかし、ChatGPTに代表される現在の生成AIにも限界があります。それは、情報の最新性がなかったり、根拠の不透明さです。生成AIが、あたかも本当のように嘘の回答をしてしまう「ハルシネーション（幻覚）」という問題は聞いたことがある人も多いと思います。そこに登場したのが、本書で紹介する「Perplexity AI（以降、Perplexity）」です。

Perplexity（パープレキシティ）は、検索エンジンと生成AIを融合した「回答エンジン」という新しい概念を体現しました。従来の検索エンジンが情報への「入り口」を提供するだけだったのに対し、Perplexityはユーザーが求める「答え」を直接提示することを実現しました。またChatGPTなどの生成AIは、最新性や情報ソースがわからない問題がありましたが、その問題も検索エンジン機能を加えることで解消しています。

　Perplexityが持つ4つの革新的機能は、以下の通りです。

1.調査設計　知りたいことをどのように情報収集すべきかを考える。

2.情報収集　最新かつ関連性の高い情報を瞬時に収集する。

3.整理　複数の情報をわかりやすくまとめる。

4.考察　整理された情報から人間のような洞察を加える。

　このような機能を持つPerplexityを使いこなせると、時間を節約しながら、より深い理解や思考を行うことができます。第8章でご紹介しますが、実際に本書執筆においてもPerplexityをフル活用していて、しっかりとグローバルの最新情報を調べながら書き上げました。

　本書は、このPerplexityの可能性を最大限に引き出し、皆さんの仕事や日常生活に活かすための指南書です。構成は以下の通りです。

第1～2章：Perplexityの基本や機能を詳しく説明します。

第3～6章：本書のメインパートで、Perplexityの具体的な活用例を幅広く紹介します。

第7章：Perplexityのより高度な機能について解説します。

第8章：Perplexityと他の生成AIツールとの具体的な連携方法を提案します。

第9章：生成AI時代の働き方や未来について考察します。

「検索＋生成AI」の仕組みは、今後ChatGPTやGeminiでも実装されることが期待されています。本書を通じて「検索エンジン＋生成AI」の使い方を学ぶことで、Perplexityの活用は当然のこと、それ以外のツールでも応用できる「AI検索術」を体得してください。

目次

はじめに …… 002

第1章

Perplexityの魅力とは? …… 009

Perplexityとは何か？ …… 010

人気の理由 …… 013

基本機能 …… 015

ChatGPTとの違い …… 019

ソフトバンクとの提携 …… 022

利用規約(機密情報、個人情報、商用利用) …… 024

第2章

Perplexityの基本機能と操作 …… 027

会員登録 …… 028

質問(プロンプト)の入力 …… 031

ソースの確認 …… 035

関連質問 …… 038

フォーカス(検索範囲の絞り込み) …… 040

共有 …… 045

プロ検索 …… 047

ライブラリ …… 049

発見 …… 050

スマホアプリ ………… 051
利用プランごとの違い ………… 054
プロンプトのポイント(ChatGPTとの違い) ………… 057

第3章

ビジネスの情報収集・分析での活用

ビジネスの情報収集・分析での活用 ………… 061
企業情報を調べる ………… 062
市場を調べる ………… 067
競合を調べる・比較する ………… 070
営業前の仮説立案(質問リスト作成) ………… 074
論文を調べる ………… 080
人物を調べる ………… 083
インタビューの質問項目を作成する ………… 086
ビジネス用語を調べる ………… 089
ツールを調べる・比較する ………… 093
提案書のドラフト作成 ………… 097
概算見積の作成 ………… 100
製品開発の競合調査する ………… 103
ビジネスフレームワークを使う ………… 107
法律や規制を調査する ………… 111
判例を調べる ………… 113
書式フォーマットを探す ………… 115

第4章

コンテンツ制作での活用 ……… 117

文章構成を作る ……… 118

SEO向けのコンテンツを作る ……… 122

ファクトチェックする ……… 128

既存コンテンツを拡充する ……… 131

ユーザーニーズを分析する／ペルソナを作成する ……… 134

最新情報を反映した企画を作る ……… 139

第5章

学習での活用 ……… 145

未知の情報を調べる ……… 146

ツールの使い方を調べる ……… 149

説明資料・教材を作る ……… 151

自分用の学習プランを作る ……… 155

国別の状況を比較する ……… 158

学校を調べる ……… 161

第6章

日常生活での活用 ……… 165

商品やサービスを探す ……… 166

プレゼントを探す ……… 170

店舗を探す …… 174
旅行プランを作る …… 178
美術(芸術)を調べる …… 183
健康情報を調べる …… 185
政治の情報を調べる …… 189

第7章
Perplexityの高度な機能 …… 193
スペース …… 194
設定・プロフィール(AIへの事前指示) …… 200
Chrome拡張機能 …… 202
Pages …… 204
匿名の利用(保存せずに利用) …… 208
キーボードショートカットとヘルプ …… 209
自社データの利用(Internal Knowledge) …… 210

第8章
Perplexityと他の生成AIツールの併用 …… 213
ChatGPT／Claudeとの併用 …… 214
NotebookLM(深掘りAI)との併用 …… 227
Mapify(マインドマップAI)との併用 …… 234

第9章
Perplexity時代の働き方・未来 245
生成AI時代の新しい働き方 246
企業における生産性アップに向けた生成AI活用の2つのサイクル 248
生成AIへの抵抗・AI時代の倫理感 254
生成AI時代に求められる人間の能力とは 261

おわりに 263

◎本書は2024年9月現在のPerplexityを含めた生成AIサービスの情報を基に執筆しています。今後、サービス内容・操作画面・利用条件などが変更になる可能性がありますのでご注意ください。
◎本書で言及するChatGPTは、「ChatGPT search」が未実装段階の内容（生成AI機能のみ）となります。
◎Perplexityが生成する回答は同じ検索内容でも異なることがあります。掲載した回答結果はあくまで一例とご認識ください。
◎本書は情報提供を目的としています。本書の情報を用いた運用は、各サービスの利用規約を併せて読み、必ず読者様の責任と判断により行ってください。運用結果について、著者および出版社は一切の責任を負いません。

1

Perplexityの魅力とは？

インターネットの最新情報を瞬時に収集・整理し、根拠とともに提供するPerplexityの仕組みは、従来の検索エンジンや情報収集の概念を根本から変えつつあります。サービス開始からわずか2年で月間1,500万人が利用するまでに急成長し、日本でも本格的な展開が始まっています。ここでは、この革新的な「回答エンジン」の基本知識や可能性を紹介します。

Perplexityとは何か？

Perplexityは「回答エンジン」

Perplexityは、AI技術を活用し、ネット検索での情報収集と整理を自動的に行うことができる「回答エンジン」です。2022年12月に発表されたサービスで、ChatGPTが2022年11月のリリースだったので、ほぼ同時期に立ち上がったものです。

これまでインターネットを使って調べ物をする際には「検索エンジン」を使って人間が検索・情報収集・整理することが当たり前でした。Perplexityは AI技術を活用し、「最小限の労力と時間で最大限の情報を得る」ことを支援するサービスです。

創業者のアラヴィンド・スリニヴァス氏は「検索エンジンが車だとしたら、回答エンジンは新幹線くらいの速さ」と表現しています。

Perplexityの4つの価値

Perplexityは、従来の検索エンジンを超えた4つの重要な価値を提供します。以下、各価値について検索エンジンとPerplexityを対比しながら説明します。

①調査設計　検索すべき事項の特定

検索エンジン：「どんな検索をするか／キーワードを入力するか」は人間が考えるものでした。

Perplexity：ユーザーの質問の真意を理解し、そもそもどんな検索をしたらよいかから検討・提案してくれます。

②情報収集　関連情報の収集

検索エンジン：検索結果から1つ1つのサイトを確認することを人間が行う必要がありました。

Perplexity：高度なAI技術を用いて、各サイトから情報を自動的に収集し、ユーザーに代わって必要なデータを抽出します。

③整理　収集した情報のまとめ・比較

検索エンジン：複数のウェブサイトから情報を整理し、重要なポイントを抽出するのは人間の仕事でした。

Perplexity：複数の情報源から収集された情報をAIが整理します。比較軸をAIが考え、表形式に整理することもできます。

④考察　整理された情報に基づく思考と分析

検索エンジン：得られた情報を分析し、洞察を深めるのは人間の役割でした。

Perplexity：整理された情報を基に、洞察や分析結果まで提供します。ユーザーの質問に対して、単なる事実の列挙ではなく、意味のある解釈や示唆を提供します。

これらの価値により、ユーザーは効率的に情報を取得し、深い理解と洞察を得ることができます。Perplexityは、単なる情報検索ツールを超えて、ユーザーの思考プロセスをサポートする知的パートナーとして機能します。

Perplexityの開発背景

Perplexity AIの創業者であるスリニヴァス氏は、OpenAIで研究者として勤務した経験を持っています。この経験から、AIと自然言語処理技術の可能性を深く理解し、まったく新しい発想でこれまでにない検索エンジンの開発に着手しました。

スリニヴァス氏は、Perplexityのことを「ウィキペディアとChatGPTが授かったベイビー」と表現しました。これは「根拠を確認可能な知識ベース」と「高度な分析・生成能力」を組み合わせた特徴を示しています。

Perplexityは「最高の回答と情報プラットフォームになり、人々が自分の質問に合った迅速で正確な回答を求める際の第一選択となる」ことを目指しています。

余談ですが、Perplexity（パープレキシティ）というサービス名は、日本ではあまり馴染みがなく、呼びづらいものです。このことについて、スリニヴァス氏は以下のようなユニークなコメントしています。

「最初はPerplexityが複雑だと思われるかもしれません。しかし、生活に馴染んでいる便利なものも最初は複雑だったという歴史があります。日本でスーパーマーケットが『スーパー』となり、コンビニエンスストアが『コンビニ』と呼ばれて皆さんの生活に馴染んだように、Perplexityも『パープレ』と呼ばれ、愛される存在になっていってほしいのです」

皆さんも、本書を通じてPerplexityの活用可能性に気づき、日常的に使用することで、その便利さと効率性を実感し、徐々に生活に欠かせないツールとなっていくでしょう。

人気の理由

Perplexityは2022年の立ち上げからわずか2年足らずで、驚異的な成長を遂げ、2024年第1四半期の月間アクティブユーザー数は1,500万人を超えました。

その2ヶ月前の月間アクティブユーザー数は1,000万人でした。わずか2ヶ月間での500万人増加は驚異的な数字です。

生成AIサービスはChatGPTを筆頭に世界中で何千とありますが、有名ベンチャーキャピタルのアンドリーセン・ホロウィッツ（a16z）が2024年8月に発表した「生成AIの月間ユニークユーザー数トップ50」では、Perplexityは並みいるサービスを押しのけて3位にランクインしています。

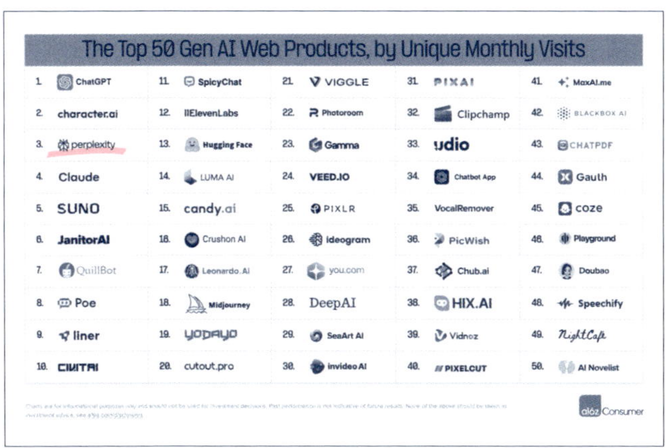

Andreessen Horowitz(https://a16z.com/100-gen-ai-apps-3/)より引用

ユーザーがPerplexityを評価する3つのポイント

様々なサービスのレビューが掲載されている「Product Hunt」というサイトがあります。ここに掲載されたPerplexityユーザーのレビュー内容から、Perplexityが特に評価されている3つのポイントを見ていきましょう。

①早い検索スピード

情報過多の現代社会において、必要な情報を素速く、的確に取得することの重要性は言うまでもありません。Perplexityは、この点で他のAIアシスタントや検索エンジンを凌駕する性能を発揮しています。

ユーザーの声

「Perplexityは非常に速く、最新の知識を求める質問に答え、信頼性のある情報源を提示してくれます」
「私の研究においてお気に入りのAIで、スピードが非常によい」

②ソースの透明性と信頼性

インターネット上の情報の信頼性が常に問われる現代において、Perplexityが提供する情報源の透明性は、他のサービスと一線を画す特徴となっています。

ユーザーの声

「Perplexityは、特定の情報をウェブ上で探すのを速くしてくれ、すべての手作業での調査を省いてくれます。また、ソースを簡単に確認できるので助かります」
「情報源の透明性が特に印象的で、信頼性と信頼感に非常に重要です」

③使いやすいUI/UX

高度な機能を持ちつつも、誰もが簡単に使えるUI・インターフェースを実現することは重要です。Perplexityは、この点でも高い評価を得ています。

「Perplexityは、私が今まで見た中で最高のUI/UXデザインの1つです。本当に素晴らしいです」
「検索体験をシンプルにしてくれるUI/UXが気に入っています」

基本機能

Perplexityがなぜ「回答エンジン」として使えるかを説明するため、主要機能を簡単に説明します。

1 検索内容まとめ

Perplexityは、ユーザーの質問に対して、インターネット上の最新情報を検索し要約された簡潔な回答を提供します。この機能により、ユーザーは膨大な情報の中から必要なエッセンスを素速く把握することができます。

2 ソース（根拠）の確認

すべての回答には、情報の出典が明確に示されています。ユーザーは提供された情報の信頼性を容易に確認でき、必要に応じて情報源にアクセスして詳細を調べることができます。この透明性は、Perplexityの信頼性を高める重要な要素となっています。

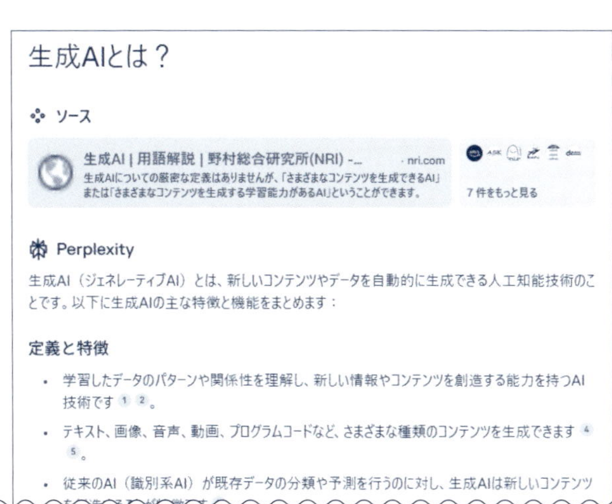

Perplexityによる生成結果の一部

3 関連質問による深掘り

Perplexityは、回答後に関連する質問を自動的に生成します。これにより、ユーザーは関連情報を簡単に探索することができ、より深い理解や新たな洞察を得ることができます。

実際にPerplexityを使い始めると、関連質問の精度が非常に高いことに驚きます。「そうそう、これが追加で知りたかった！」という気の利いた質問をしてくれます。

創業者のスリニヴァス氏は、インタビューの中で「人を開眼させるのはそこにある答えではなく、質問そのものである」「賢人とはすべての答えを持っている者ではなく、正しく質問できる者である」という慣用句を引用し、この関連質問の重要性を強調しています。

関連
生成AIの具体的な応用例は？ ＋
生成AIの利点と欠点は？ ＋
生成AIの技術的な仕組みは？ ＋
生成AIと従来のAIの違いは？ ＋
生成AIが注目される理由は？ ＋

関連質問が生成された画面。クリックしていくだけで情報を深掘りできる

4 プロ検索で高度な検索

プロ検索（プロサーチ）は、Perplexityの中でも特に強力な機能で、一言でいうと「賢いAIエージェント」です。複雑な問いについて、どのように検索して考えるかの手順までを、AIが思考してまとめてくれます。

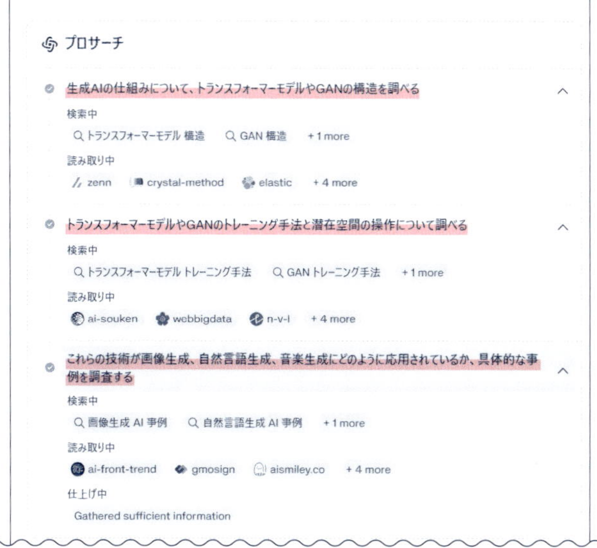

プロ検索を行った際の画面。自動で質問を分解して調べてくれる

①多段階推論能力

複雑な質問を小さなトピックに分解し、段階的に解決していきます。人間の思考プロセスに近い形で問題に取り組むため、より詳細で実用的な回答を生成することができます。

②自律的な検索行動

初期の検索結果を分析し、それに基づいてさらなる検索を自動的に実行します。これにより、より包括的で精度の高い情報を収集することができます。

③数学・プログラミング能力

複雑な数学的問題やデータ分析にも対応できます。ビジネスや研究分野での高度な分析ニーズにも応えることができます。

④無料版でも利用可能

プロ検索は、無料版でも1日5回まで利用可能です。 有料版になると1日300回以上となります。Perplexityを使い始めると、プロ検索は欠かせない機能になり、有料版でお金を払う価値が十分あると感じます。

これらの機能により、Perplexityは「回答エンジン」として、ユーザーの情報収集や思考をサポートする強力なパートナーとなります。

ChatGPTとの違い

生成AIで最も有名なのは、いわずもがなChatGPTです。そこでChatGPTとPerplexityの違いを比較することで、Perplexityの独自性や活用シーンを理解しましょう。

情報の最新性 リアルタイムvs事前学習

Perplexityの大きな強みの1つは、リアルタイムでインターネットを検索し、常に最新の情報を提供できる点です。これは、刻々と変化する世界の出来事や最新のトレンドを追いかける際に非常に有効です。

一方でChatGPTは、事前に学習したデータを基に回答を生成します。そのため、学習データのカットオフ日以降の情報については反映されない可能性があります（最近のアップデートでブラウジング機能〔ネットから情報を取得する機能〕が追加されており、最新情報を取得できることもありますが、基本的には学習データをベースとした回答になりがちです）。

検索情報の範囲 広範囲vs限定的

Perplexityは、検索に特化したAIサービスであり、幅広いソースを検索し、多様な情報源からバランスの取れた情報を提供します。これにより、ユーザーは特定のトピックについて、様々な視点や意見を得ることができます。

一方、ChatGPTは事前学習データからの回答がメインであり、またブラウジング機能で情報収集する場合にもPerplexityと比べて狭い範囲での検索になりがちです。

ソースの提示　透明性の違い

Perplexityの大きな特徴の１つは、回答の情報源を明示する点です。これにより、ユーザーは提供された情報の信頼性を自分で確認することができます。学術研究や報道など、正確性が求められる場面で特に重要な機能と言えるでしょう。

ChatGPTは通常、情報源を明示しません。これは、ChatGPTが学習データ全体から抽出した知識を基に回答を生成するというその仕組みに起因しています。ただし、ブラウジング機能を使って情報取得している場合は、情報源が確認できます。

回答スタイル　簡潔vs詳細

Perplexityは、より簡潔で整理された回答を提供する傾向があります。多くの場合、箇条書きや短い段落を用いて、要点をわかりやすくまとめます。これは、素速く情報を把握したい場合や、複数の情報を比較したい場合に適しています。

一方、ChatGPTはより長文で詳細な回答を生成する傾向があります。文脈に富んだ説明や、関連する背景情報なども含めて回答することが多いです。これは、深い理解や詳細な説明が必要な場面で力を発揮します。

PerplexityとChatGPTの主な違い

特徴	Perplexity	ChatGPT
主な用途	検索エンジン、情報検索に特化	汎用的な対話型AI、多様なタスクに対応
情報の最新性	リアルタイムでインターネット検索	事前学習データが基本（ブラウジング機能で最新情報を取得するケースもあり）
検索情報の範囲	インターネット全体から幅広く検索	主に学習済みデータ（ブラウジングする場合も範囲が狭い）
情報源の提示	明示	通常は提示なし（ブラウジングする場合は明示）
回答スタイル	簡潔、箇条書きを多用	詳細、長文での説明が多い
得意分野	最新の事実確認、幅広い情報収集	創造的タスク、詳細な説明、問題解決

目的に応じた使い分けがカギ

PerplexityとChatGPTは、それぞれに異なる強みを持っています。Perplexityは最新の事実確認や幅広い情報収集に優れており、ChatGPTは創造的なタスクや高度な処理が必要な場面で力を発揮します。

これらの違いを理解し、目的に応じて適切なツールを選択しましょう。例えば、最新のニュースや統計データを調べる際はPerplexityを、エッセイの執筆や問題解決のアイデア出しにはChatGPTを使うといった具合です。

※ChatGPTを開発しているOpenAIは「SearchGPT」というPerplexityの競合サービスを開発中であることを2024年7月に発表しました。詳細は本書の後半でご紹介しますが、この動き次第で、ChatGPTとPerplexityの違いが曖昧になる可能性があります。

ソフトバンクとの提携

2024年4月、Perplexity AIと日本の通信大手ソフトバンクが戦略的提携を発表しました。この提携により、日本国内でのPerplexityの認知・利用者が大幅に拡大しています。

提携の概要

提携の目玉として、ソフトバンク、ワイモバイル、LINEMOの3ブランドのユーザーに対し、Perplexity Proの1年間無料トライアルが提供されます。通常、Perplexity Proは月額20ドルまたは年額200ドルのサービスですが、このキャンペーンにより、多くの日本のユーザーが高度なAI検索機能を無料で体験できるチャンスを得たことになります。キャンペーン期間は2024年6月19日から2025年6月18日までの1年間です。

実は私もLINEMOユーザだったので、この提携の恩恵に預かり、Perplexity Proを無料利用することができました（なお現在は商業的利用のため、Enterprise Proに切り替えています）。

ソフトバンクのAI戦略

ソフトバンクは、Perplexityとの提携以前から、AIスタートアップへの積極的な投資を行っています。OpenAIなど、先進的なAI企業への投資が報じられています。

Perplexityとの提携は、ソフトバンクのAI戦略の新たな一手と言えるでしょう。単なる資金提供に留まらず、自社のユーザーベースを活用してPerplexityの日本市場進出を後押しする姿勢は、Win-Winの関係構築を目指していることを示しています。

提携の狙いと今後の展望

この提携には、いくつかの重要な狙いがあると考えられます。

市場拡大

Perplexity AI社にとっては、ソフトバンクの膨大な顧客基盤を通じて日本市場に本格進出するチャンスとなります。

法人向けサービスの拡大

Perplexityのエンタープライズプランの拡大販売など、企業向けサービスでの協力も視野に入れているとみられます。

技術協力・新サービス開発

両社のAI分野での知見を共有し、さらなる技術革新を目指す可能性があります。

日本のAI市場への影響

ソフトバンクは、Yahoo! BBによるブロードバンド拡大やPayPayによるキャッシュレス決済の拡大など、最新のサービスを日本に普及させてきた実績があります。

この提携により、Perplexityの日本での知名度と利用者数が大幅に増加することが予想されます。AI検索エンジンの利便性が広く認知されれば、ビジネスや学術分野での情報収集手法に変革をもたらすでしょう。

Perplexityとソフトバンクの提携は、単なるビジネスを超えて、日本のAI利用の未来を形作る重要な一歩となるかもしれません。

利用規約（機密情報、個人情報、商用利用）

Perplexityは強力な AI 検索ツールですが、ビジネスでの活用を考える際には、利用規約や個人情報の扱いについて十分に理解しておく必要があります。ここでは、Perplexity の3つのプラン（無料版、Pro版、Enterprise Pro版）における重要な違いを解説します。なお本書は2024年9月の内容であり、将来的に変更される可能性があるので、本書の記載・観点を参考に、自分でも最新情報を確認してください。

プラン別の特徴

Perplexityには以下の3つのプランがあります。

＊無料

＊Pro（月20ドル、年200ドル）

＊Enterprise Pro（月40ドル、年400ドル）

それぞれのプランで、機密情報や個人情報の扱い、生成されたアウトプットの所有権、商業的利用に関する規定が異なります。

無料版とPro版

無料版とPro版は個人利用を主な対象としており、以下のような特徴があります。

＊データ学習の有無は不明。この件に関する明示的な記載はなく、学習利用される可能性があるため、機密情報や個人情報の入力は避けるべき。

＊生成されたアウトプットの所有権は記載なし。

＊商業的利用は規約でNG（個人的な利用のみ）。

「商業的利用がNG」と聞くと、「じゃあ仕事でまったく利用できないの？」と疑問を持つ方もいると思います。Perplexityに尋ねてみたところ、下記のような回答がありました。商業的利用の範囲が不明確なため、情報収集や調査目的での利用はグレーゾーンのようです。

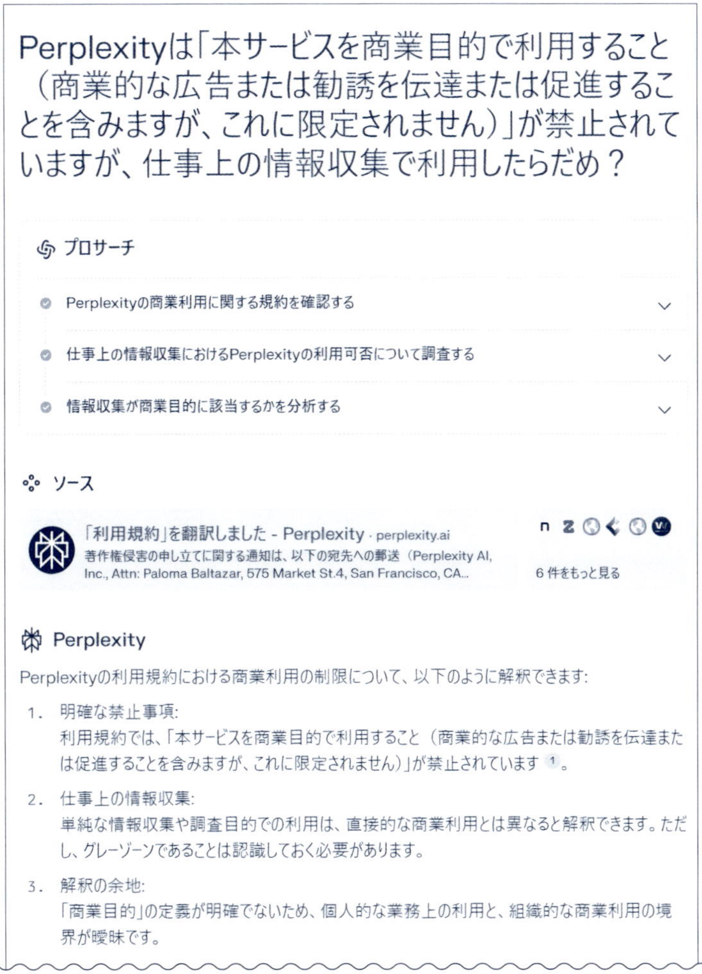

Perplexityは「本サービスを商業目的で利用すること（商業的な広告または勧誘を伝達または促進することを含みますが、これに限定されません）」が禁止されていますが、仕事上の情報収集で利用したらだめ？

プロサーチ

- Perplexityの商業利用に関する規約を確認する
- 仕事上の情報収集におけるPerplexityの利用可否について調査する
- 情報収集が商業目的に該当するかを分析する

ソース

「利用規約」を翻訳しました - Perplexity · perplexity.ai
著作権侵害の申し立てに関する通知は、以下の宛先への郵送（Perplexity AI, Inc., Attn: Paloma Baltazar, 575 Market St.4, San Francisco, CA...

6 件をもっと見る

Perplexity

Perplexityの利用規約における商業利用の制限について、以下のように解釈できます:

1. 明確な禁止事項:
利用規約では、「本サービスを商業目的で利用すること（商業的な広告または勧誘を伝達または促進することを含みますが、これに限定されません）」が禁止されています [1]。
2. 仕事上の情報収集:
単純な情報収集や調査目的での利用は、直接的な商業利用とは異なると解釈できます。ただし、グレーゾーンであることは認識しておく必要があります。
3. 解釈の余地:
「商業目的」の定義が明確でないため、個人的な業務上の利用と、組織的な商業利用の境界が曖昧です。

Enterprise Pro版

Enterprise Pro版はビジネス利用を前提としたプランで、以下のような特徴があります。

＊入力データの学習利用なしと明記。そのため比較的安全に機密情報を入力できる。ただしデータ保存は日本国外のサーバーが想定されるため、個人情報の入力は避けた方がよい。
＊生成されたアウトプットの所有権はユーザーにあり。
＊商業的利用は「業務目的」での利用OK。

Perplexityの利用における推奨事項

Perplexityを効果的に活用するためには、段階的なアプローチを取ることをおすすめします。まずは無料版やPro版を使って、Perplexityの機能や性能を試してみましょう。Perplexityは「インターネットの公開情報を収集」できることに強みがあるので、機密情報を入力しなくても十分に効果を確認できます。

Perplexityの有用性を確認できたら、次のステップとして業務利用を検討してもよいでしょう。本格的な業務利用を考える場合には、Enterprise Pro版への移行を検討しましょう。このプランでは、データの取り扱いや商業利用に関する懸念が大幅に軽減されるため、より安全にPerplexityの機能を活用できます。

2

Perplexityの基本機能と操作

Perplexityを使いこなすには、基本機能の理解が不可欠です。ソースの確認や関連質問の活用で、より深い洞察へと導かれます。検索範囲を絞り込むフォーカス機能や、複雑な調査を可能にするプロ検索、各利用プランの特徴、ChatGPTとは異なるプロンプトの作り方まで。ここではPerplexityを使いこなすための基礎を包括的に解説します。

会員登録

Perplexityは、ゲスト利用（登録なしの利用）も可能ですが、それでは利用履歴が残らなかったり、プロ検索が使えないなどの機能制限があります。そのため、無料会員登録はしておくことをおすすめします。以下の手順で簡単に登録できます。

①Perplexityのウェブサイトにアクセスします。

②左側のナビゲーションメニューから「新規登録❶」を選択します。

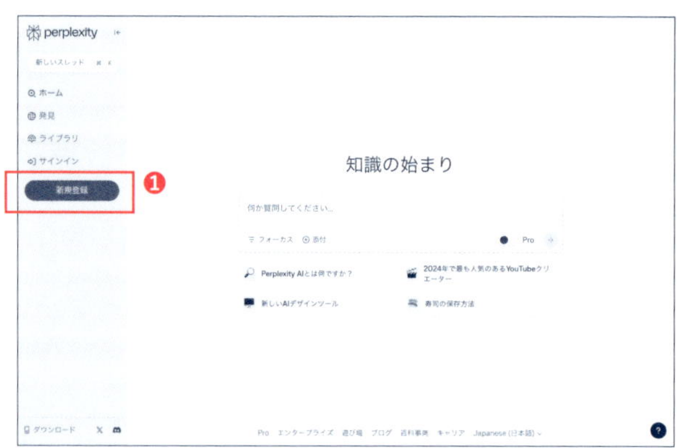

https://www.perplexity.ai/

③登録方法を選択します。以下の3つのオプションがあります。
＊Googleアカウントで登録
＊Appleアカウントで登録
＊メールアドレスで登録
本書では、「メールアドレスで登録」の手順を詳しく説明します。「あなたのメール❷」と記載がある一番下の入力欄にメールアドレスを入力し、「電子メールで続ける」を押します。

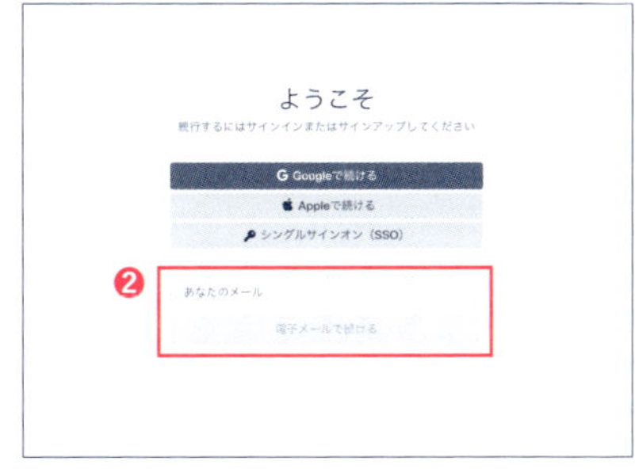

④右の画面になったら、指示どおりにメールを確認してください。

⑤登録したメールに登録確認のメールが届きます。メール内の「サインイン❸」ボタンを5分以内にクリックしてください。

⑥Perplexityの説明画面が表示されます。内容を確認し、右上の「続ける❹」ボタンをクリックします。

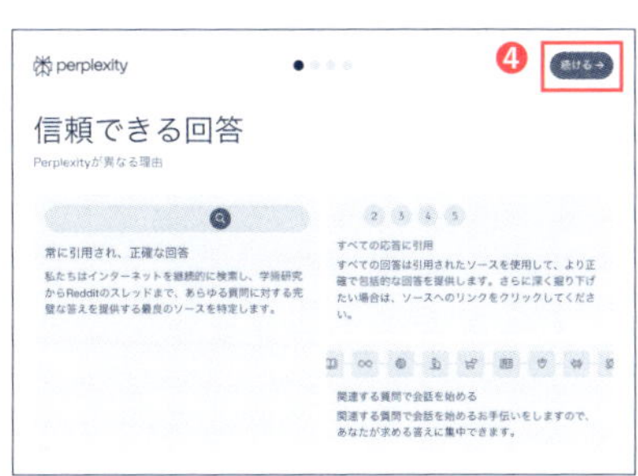

⑦「無料で続ける❺」を選択します。

⑧スマートフォンでの利用を考えている場合は、この時点でアプリをダウンロードしておくと便利です。スマホアプリについては後述します。

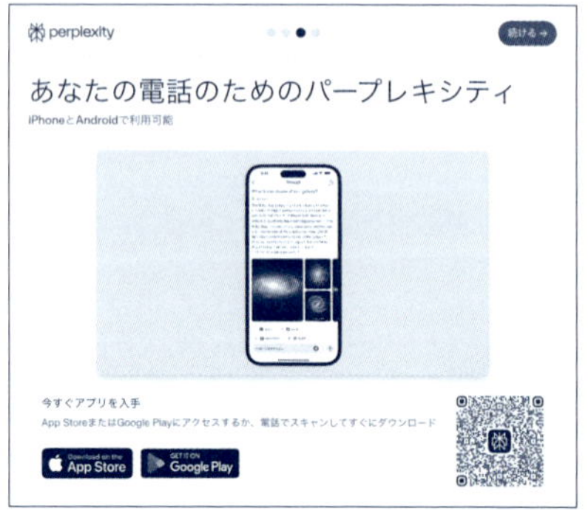

⑨最初の質問画面が表示されます。興味のある質問を選択するか、右上の「スキップ❻」ボタンを押して次に進みます。

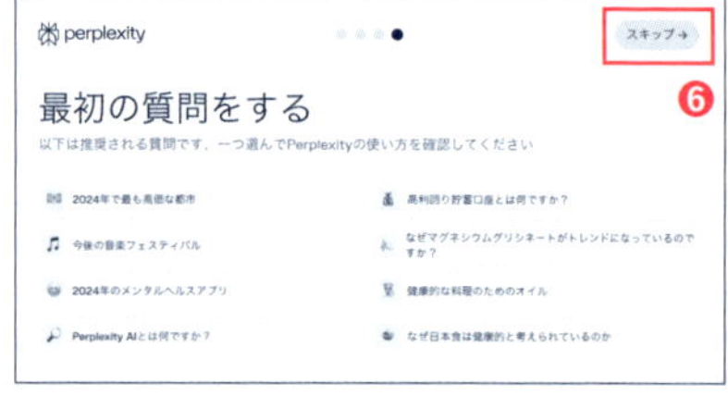

以上の手順でPerplexityの会員登録は完了です。登録後は、すぐにPerplexityを使い始めることができます。

質問（プロンプト）の入力

それでは、早速Perplexityを使ってみましょう。まずは最も基本的な操作として、質問の入力・回答の確認をしていきます。

質問（プロンプト）の入力

質問は中央のボックス❶に入力します。回答後に、まったく新しいトピックに移りたいときは、左上の「新しいスレッド❷」から入力すれば、前のやりとりと関係なく新しい文脈で質問できます。

質問を入力したら、ボックス右下の「➡」ボタンを押します。Perplexityが検索と回答生成を開始します。ここで多くのユーザーが驚くのが、Perplexityの驚異的な回答速度です。

なお、生成AIに質問・依頼する文章のことを「プロンプト」ともいいます。生成AIにうまく仕事をさせるための技術として「プロンプトエンジニアリング（プロンプトをうまく書く技術）」も注目されています。最も重要なのは「できるだけ詳しく背景・要望を入力すること」です。Perplexityを使いこなす上でも重要なテクニックなので、本書の中でも随時ポイントを紹介していきます。

日本語入力時の注意点

日本語で長文を入力する際は、入力途中で誤って途中の文章が送信されてしまうことがあります。やり直せばいいだけですが、誤送信が発生するのはちょっとしたストレスです。

これを防ぐには、メモ帳などの別のアプリケーションで文章を作成し、その文章をPerplexityの入力ボックスにコピー&ペーストする方法がおすすめです。意図せず途中の文章が送信されるリスクがなくなります。

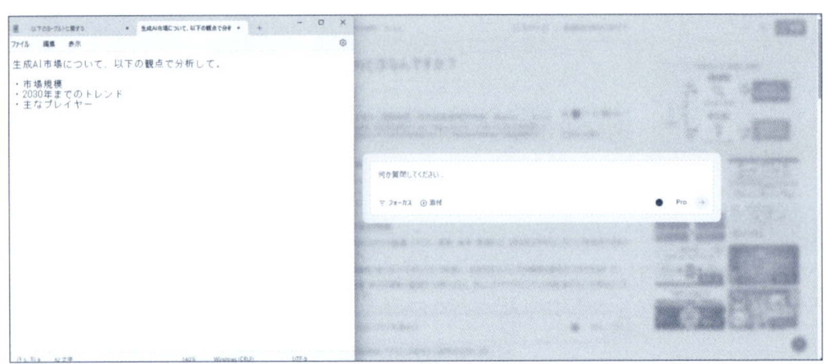

回答画面の調整

Perplexityの回答は右ページのように表示されます。

画面中央は、上から以下のような順番で表示されます。

＊タイトル（質問した文章）❸

＊ソース（検索して参照したサイト）❹

＊回答（生成結果。Perplexity、Answerなどとも表記される）❺

画面右側には「画像を検索」「動画を検索」「画像を生成する」の3つのボタンがあります❻。「画像を生成する」はPro版限定の機能で、質問に基づいて画像生成できる機能ですが、個人的には情報収集の用途が多いため、使ったことはあまりありません。

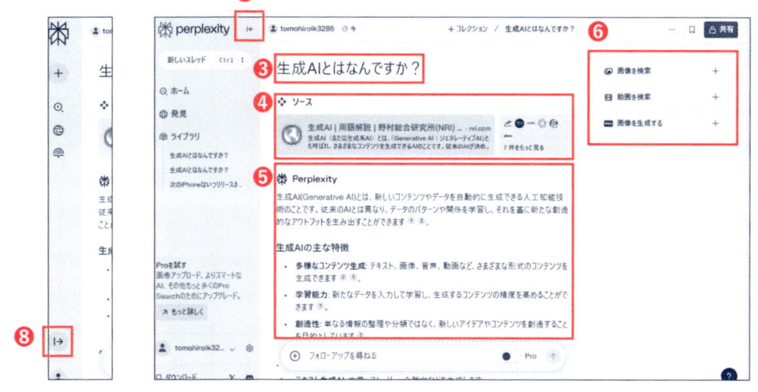

より快適に回答を読むために、画面レイアウトを調整することができます。

＊左サイドバーを閉じる：右画面左上（ロゴの右）にある「|⬅」❼ボタンをクリック

＊左サイドバーを再表示する：左画面左下の「|➡」❽ボタンをクリック

画像検索・動画検索

上画面の❻から、画像検索・動画検索を行うこともできます。グラフやイメージを確認したい場合に便利です（❾は検索結果）。

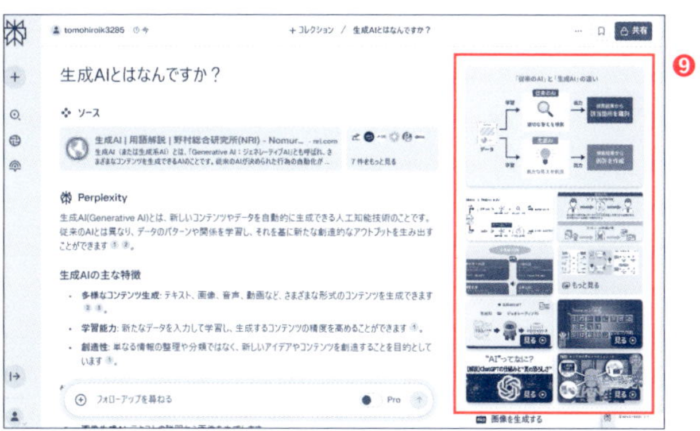

追加で質問する

最初の回答に対してさらに掘り下げたい場合は、画面下部に表示されている入力ボックス⑩に質問することで、質問を追加することができます。入力後、「⬆⑪」ボタンを押しましょう。

質問内容の編集

すでに送信した質問の内容を変更したい場合は、以下の手順で編集できます。

①回答画面の右下にある「メモアイコン⑫」をクリック。

②質問文を再編集。

③「保存⑬」ボタンをクリック。

編集した質問に基づいて、新しい回答が再び生成されます。

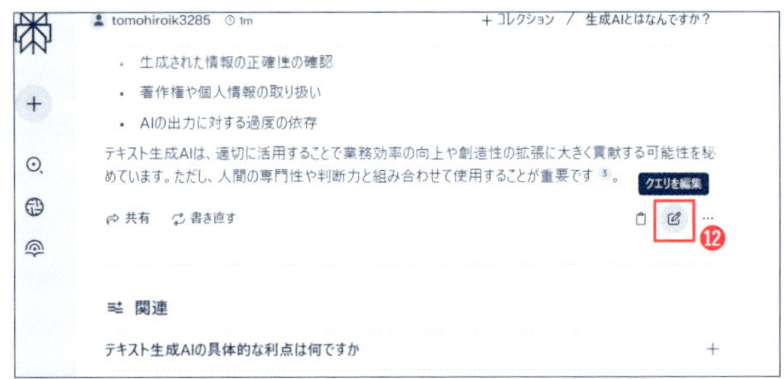

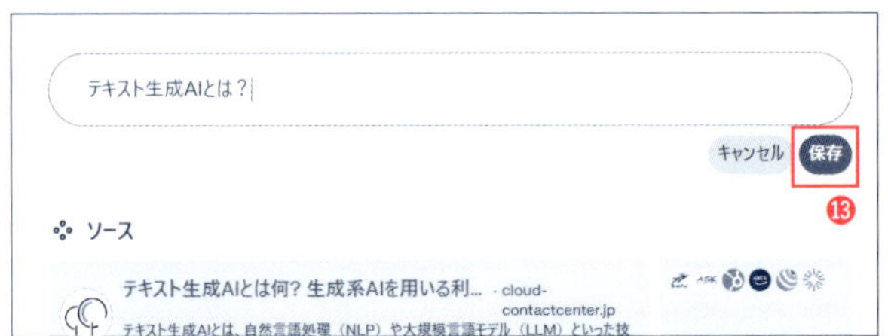

ソースの確認

Perplexityの最大の特長は「ソース（根拠）を確認できること」です。この機能を効果的に活用するために、画面の見方を詳しく見ていきましょう。

回答の1つ1つのソース

回答文章の中の文末で「①②❶」と表示されている部分は、根拠となる参照元が存在することを示しています。この丸数字をクリックすると、該当するウェブページが開きます。これにより、回答内で気になる部分のソースだけを効率的に確認でき、非常に便利です。

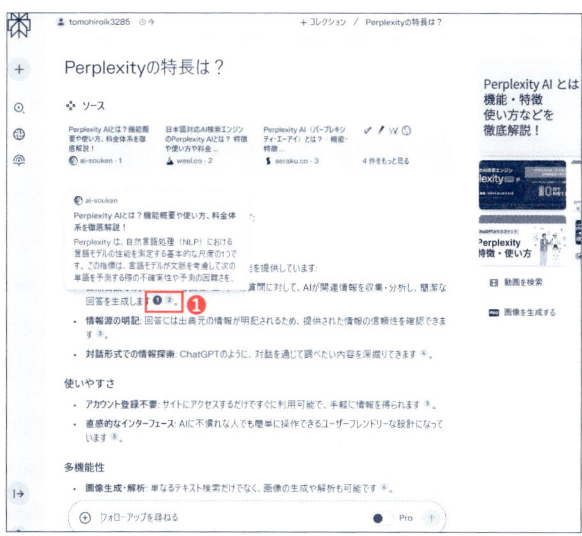

なお現時点では、ソースのページ内の具体的な引用箇所までは示されませんが、将来のアップデートでより詳細な確認をできるようになることが期待されます。

ソース一覧の確認

質問の下にある「ソース」セクションでは、引用サイトを一覧で確認できます。「〇件をもっと見る❷」をクリックすると、すべてのソースを表示できます。この機能を使えば、Perplexityがどのような情報源を基に回答を生成しているかを一目で把握できます。

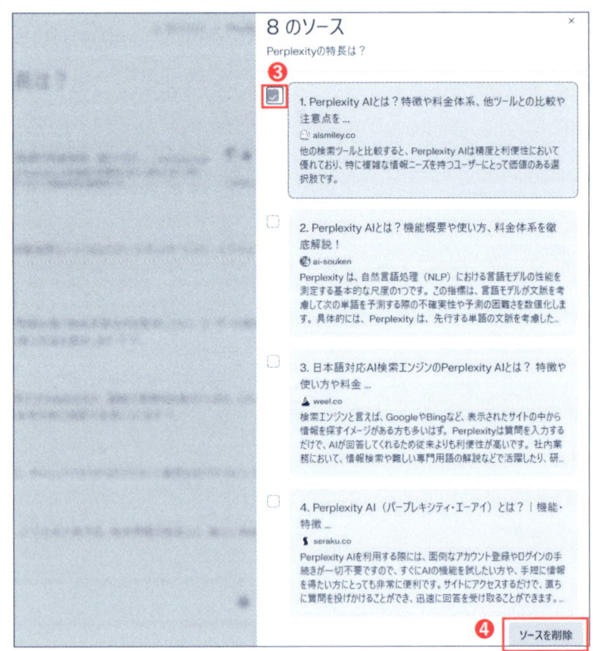

ソースの選別

Perplexityでは、一部のソースを削除する（回答に含めない）ことができます。ソース一覧を確認した後に、チェックボックスで不要なソースを選択❸し、画面右下の「ソースを削除❹」ボタンを押すことで、特定ソースからの情報を除外した回答を得ることができます。

Perplexityの回答の質は引用元のサイトに大きく依存するため、信頼性の低いソースや不適切な情報を含むサイトを除外することで、より高品質な回答を得ることが可能になります。

通常の質問とプロ検索の違い

ソースのサイト数は、「通常の質問」と「プロ検索」で大きく異なります。

通常の質問　10件未満。

プロ検索　より広範囲の検索が行われ、10件以上❺の場合が多い。

プロ検索の詳細については後のセクションで詳しく解説しますが、より深い調査や広範囲の情報収集が必要な場合は特に有効です。

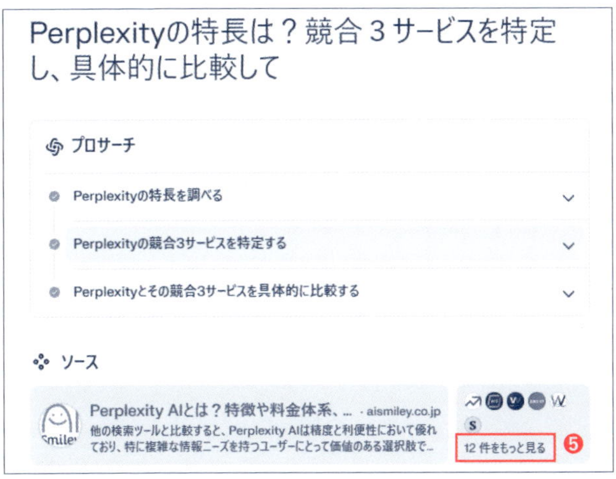

関連質問

Perplexityの魅力の1つが、回答後に表示される関連質問機能です。この機能は、ユーザーの探索をサポートし、より深い理解や新たな視点の獲得を促進します。

下記画面のように、回答直後に5つの関連質問を提案してくれます。以前は3つでしたが、最近は5つに増えました。元の質問に関連しつつ、異なる角度からトピックを掘り下げるための質問になっています。

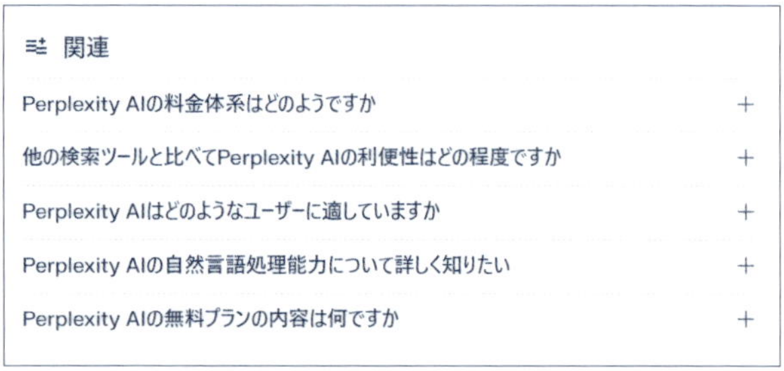

関連

Perplexity AIの料金体系はどのようですか +

他の検索ツールと比べてPerplexity AIの利便性はどの程度ですか +

Perplexity AIはどのようなユーザーに適していますか +

Perplexity AIの自然言語処理能力について詳しく知りたい +

Perplexity AIの無料プランの内容は何ですか +

提案精度の高さが特長

Perplexityの関連質問は、「まさにこれが知りたい」と思わせるような高い提案精度が特長です。前述したように、創業者のスリニヴァス氏は「問い」の重要性を非常に重視しており、提案される質問は、多角的な視点から問題を捉えることができるよう設計されています。

他の生成AIツールでも関連質問を表示する機能があるものは多くありますが、実際に色々なツールを使い比べてみると、Perplexityの提案精度が非常に高い印象です。

関連質問を見ていくだけでトピックを深掘りできる

関連質問をクリックすると、すぐに次の回答が表示されます。さらに、その回答の後にも新たな関連質問が5つ提示されるため、ユーザーは自然な流れで情報を掘り下げていくことができます。

この連鎖的な質問・回答のプロセスにより、ユーザーは自身の興味や必要に応じて、深く、幅広く情報を探索していくことができます。

フォーカス（検索範囲の絞り込み）

Perplexityの強力な機能の1つに、フォーカス（検索範囲の絞り込み）があります。この機能を使いこなすことで、より目的に適した情報を効率的に得ることができます。

7つの選択肢

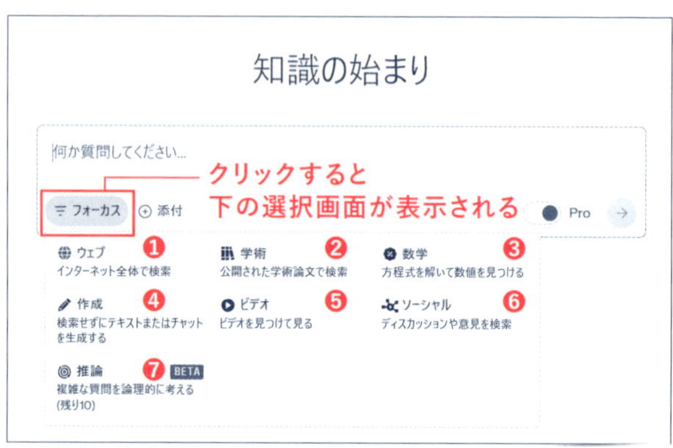

Perplexityのフォーカス機能は、検索結果をより特定の情報源や目的に絞り込むための機能です。選択肢には「ウェブ」「学術（Academic）」「数学（Wolfram|Alpha）」「作成（Writing）」「ビデオ（YouTube）」「ソーシャル（Reddit）」の6つに加え、Pro版では2024年9月から「推論（Reasoning）」が追加されました。

ウェブ❶　デフォルトの機能でインターネット全体から幅広い情報源を利用して回答を生成します。一般的な検索に適しており、幅広いトピックについて情報を得たい場合に有用です。私もほとんどのケースでは「ウェブ」を使っています。

学術❷　学術論文や研究資料に特化した検索を行います。信頼性の高い学術系のソースから情報を収集するため、研究や論文作成に取り組む学生や研究者にとって非常に有益です。私の場合、ビジネスにおいて研究結果や裏付けの知識を得たい場合にこの選択肢を使うことがあります。

数学❸　Wolfram|Alphaというウェブサービスを利用し、正確な数値計算や科学的データを提供します。Wolfram|Alphaは、質問に対して構造化されたデータを使って計算し、直接答えを返すオンラインサービスです。数学、科学、工学、統計学などの分野で強力な計算能力を持ち、複雑な問題解決や数値計算、データ分析に活用できます。例えば、数式の解法、単位変換、天体データの計算などが可能です。数値を扱う仕事や研究の場合に有用なオプションです。

作成❹　検索機能をあえて行わないもので、文章作成・チャット相談に特化したオプションです。ChatGPTやClaudeなどのサービスと同様のモードといえます。オリジナル文章の作成やアイデア出しに適しています。私自身は、この用途の場合はChatGPTやClaudeを使ってしまいますが、もしPerplexityのみを使いたい場合には使うシーンは多くありそうです。

ビデオ❺　YouTube上の動画コンテンツから検索します。動画のタイトル、説明、文字起こしなどから関連情報を抽出できます。私自身がYoutube発信を行っていることもありますが、動画の方が充実した情報があるケースもあり、あえて動画に絞って探したい場合に便利です。

ソーシャル❻　Reddit上の投稿やコメントから情報を収集します。Redditは、ユーザーが投稿したコンテンツを中心とした大規模なオンラインコミュニティプラットフォームです。日本ではあまり知られていませんが、2024年8月時点でアメリカで5番目に人気のあるサイトです（1位：Google、2位：YouTube、3位：Facebook、4位：Amazon）。特定のトピックに関するユーザーの意見や議論を探るのに適しています。

推論❼　2024年9月にリリースされたOpenAIの新たなAIモデル「o1 mini」を利用するモードです。検索は行わず、問題に対して新たなAIモデルが段階的に思考して回答します。数学や物理の問題、クイズ、複雑なビジネス問題などを考える際に利用できます。

ドメイン単位・ページ単位の絞り込み

さらに、Perplexityでは、ページ単位やドメイン単位での絞り込みも可能です。これにより、特定のウェブサイトや信頼できる情報源に限定して情報を取得することができます。2つの方法を紹介します。

①Chrome拡張機能の利用

Google Chromeに拡張機能として追加すると、ブラウザからすぐにPerplexityを利用でき便利です。以下のサイトからインストールできます。

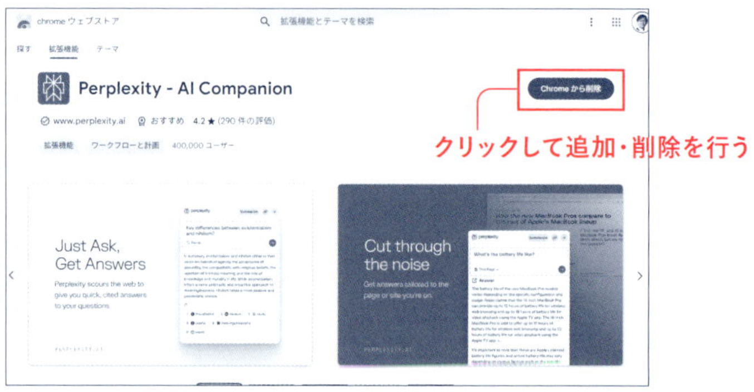

https://chromewebstore.google.com/detail/perplexity-ai-ompanion/hlgbcneanomplepojfcnclggenpcoldo

Chrome拡張機能をインストールしたら、拡張機能❶のボタンを押し、Perplexityをピン留め❷しておきましょう。

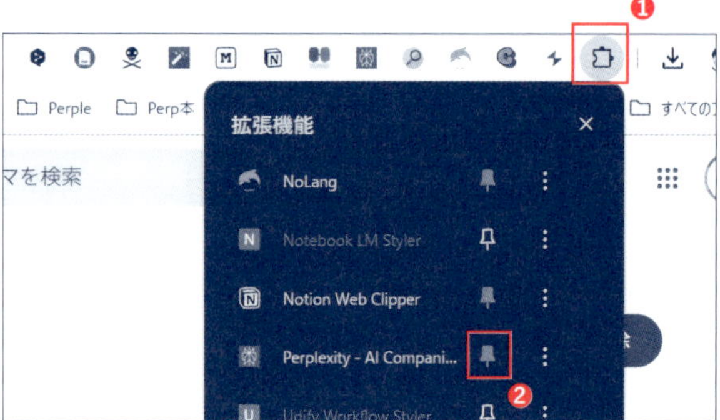

特定のサイト上でChrome拡張機能のPerplexityボタンを押すと、検索画面が表示されます。ここで「Focus❸」を押します。

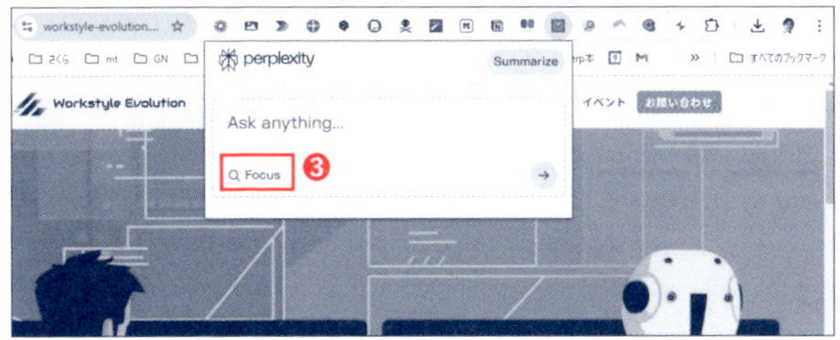

すると、以下のような3つの選択肢が表示されます。

All　インターネット全体から検索。

This Domain　現在開いているサイト全体（ドメイン全体）から検索。

This Page　現在開いているページから検索。

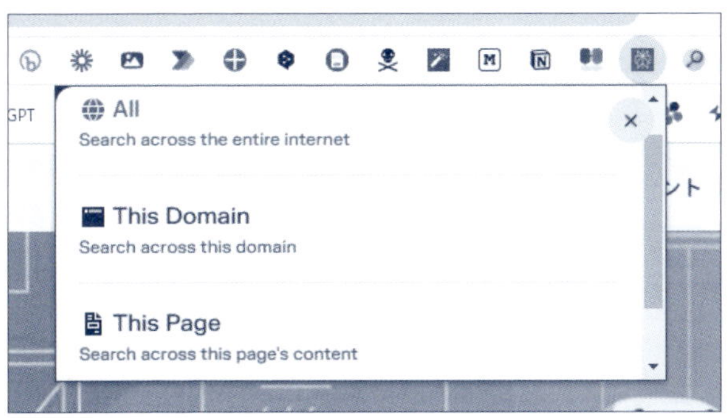

例えば「This Domain」を選択すると右画面のように、特定のサイトからのみ情報収集することができます。

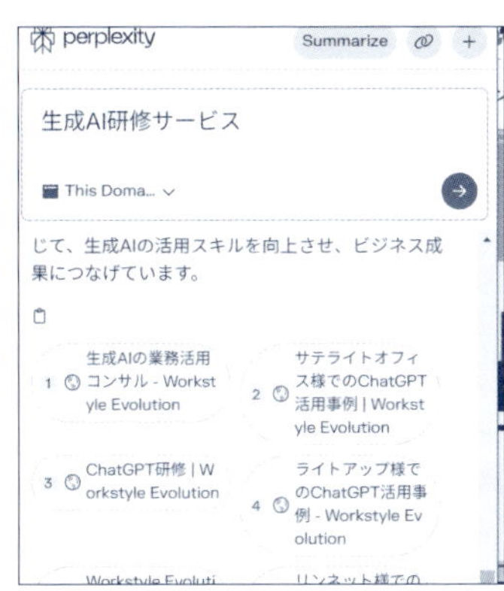

②Perplexityのコマンド入力

Chrome拡張機能を使わなくても、様々なブラウザでドメイン単位・ページ単位の絞り込みを行うこともできます。

ドメイン単位で検索するには、プロンプトとともに「+(特定のドメイン)」を追加します。例えば、下の画面では「workstyle-evoltion.co.jp」内から検索します。ちなみに2つ以上のドメインを同時に指定することは、現状できませんでした。

ページ単位で指定するには、次の画面のようにURLを入力します。ページ指定では、複数のURLを入力することが可能です。

上記以外にも、以下のような便利な絞り込みコマンドがあるので、活用しましょう（なお、精度は完璧ではなく、範囲外の情報が混じってしまうこともあります）。

/site:	特定サイトで絞り込み。上述の「+ドメイン」と同様	生成AI研修の強みを教えて / site:workstyle-evolution.co.jp
/filetype:	PDF、DOCS、XLSX、PPTXなど、ファイルタイプで絞り込み。	生成AIのトレンドを教えて / filetype:pdf
/before:YYYY-MM-DD /after:YYYY-MM-DD	特定の日付以前（または以降）の情報を絞り込み	生成AIの事例を教えて / after:2024-10-01
/lang:	特定の言語の情報に絞り込み（en：英語、cn：中国語など）	生成AIの事例を教えて /lang:en

共有

Perplexityの結果は、自分以外の人にも簡単に共有できます。

画面右上の共有ボタンを押すと、Perplexityの結果が公開モードになります（共有ボタン❶を押すと確認なく公開モードになるので注意しましょう）。

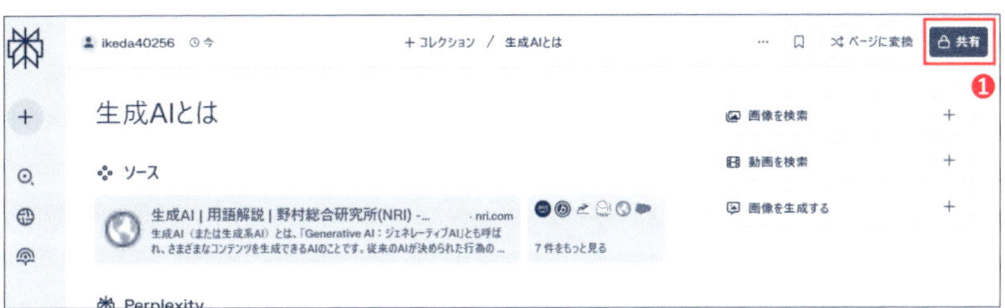

公開モードになるとアイコンが鍵マークか矢印マークに変化します❷。また、自動的にリンクがクリップボードにコピーされています（ペーストすると、共有用のURLを貼り付けられます）。

共有されたページは、登録者会員以外の誰でも開くことができます。

ユーザー登録していない状態の画面

Perplexityはゲスト利用（ユーザー登録なしの利用）もでき、回答画面下の関連質問をクリックすると、このまま誰でもPerplexityとのやり取りを引き継ぐことができます。なお関連質問をクリックしても、元の回答ページが変わるわけではなく、新たなページが別途作成されます。

共有されたページからも関連質問を探れる

プロ検索

Perplexityのプロ検索（プロサーチ）は、通常の検索機能を大幅に強化した機能です。複雑な問題に対して多角的なアプローチを可能にし、ビジネスや研究における深い洞察を得るのに役立ちます。

私がPerplexityを使っている理由の大きな要因の1つはこの「プロ検索」であり、Copilotなどの類似サービスと比べても圧倒的に付加価値が高い機能だと思っています。

プロ検索の利用方法

利用方法は簡単で、Perplexityの質問をする際に、右下にある「Pro❶」と書いてあるボタンをクリックしONにする（右側にスライドさせる）だけです。以下の画面では、プロ検索を行う設定になっています。

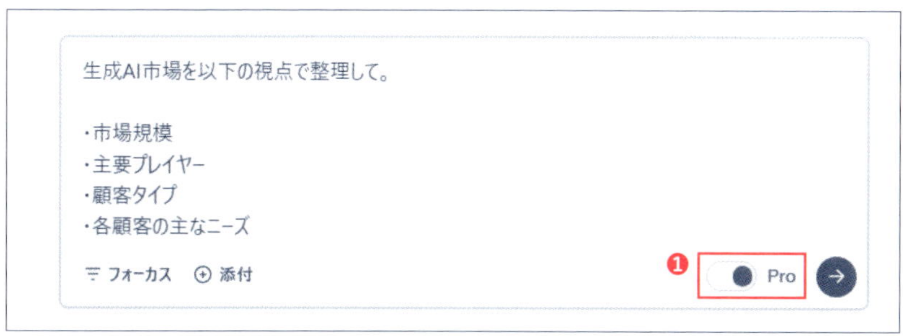

プロ検索を行うと、次ページの画面のように、質問を踏まえてPerplexityが検索すべき事項を自律的に考えた上で、段階的に検索し結果をまとめてくれます。このような多段階の動きをAIが自動的に行ってくれる様子は実際に画面で眺めるととても興味深いです。

この例では、4つの視点ごとに調査すべき情報ソースが当然変わってくるため、通常の検索だとそれぞれ1つずつ別に質問する必要があります。プロ検索であればこの1つの依頼でPerplexityが内容をまとめてくれます。

このような1つの検索では完結しない複雑な依頼こそが、プロ検索の価値の発揮しどころです。

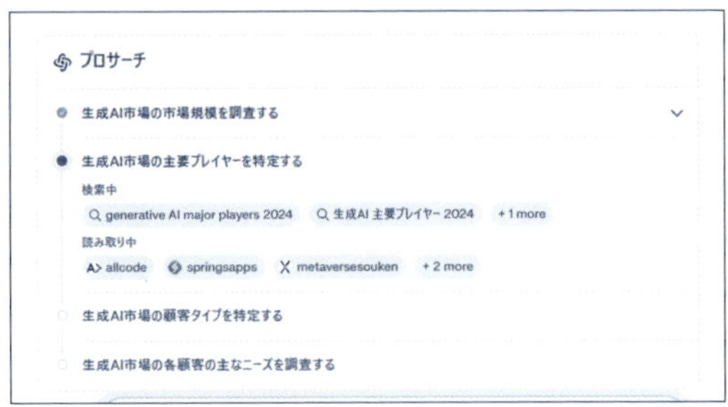

プロ検索の主な特長

具体的な特徴・機能を紹介します。

多段階の推論能力　複雑な問題を要素に分解し、段階的に解決します。各ステップで必要な情報を収集・分析しながら、最終的な結論に至ります。これにより、単一の検索では得られない深い洞察を提供します。

豊富な情報源　多段階に検索することで、通常の検索よりも幅広いソースを参照できます。

高度な数学・プログラミング機能　プログラムコードを実行することができ、計算を間違えずに行うことができます。

第3章以降では、具体的なPerplexity活用例を余すところなく紹介していきますが、その中でもプロ検索を使うべきシーンが多々あります。上記の特長を踏まえ、ぜひ色々なシーンで試していきましょう。

プロ検索の利用可能範囲

プロ検索は無料版でも1日に5回まで使用可能です。より頻繁に利用したい場合は、月額20ドルのProプラン、もしくはEnterprise Proプランに加入することで、ほぼ無制限に利用できます。

ライブラリ

過去の履歴は、左サイドバーの「ライブラリ❶」から確認可能です。

左サイドバーのライブラリの下には、直近の5つの検索が表示されます。「ライブラリ」を押すと、一覧画面が表示されます。

画面右上の検索バーにキーワードを入力することで、履歴も検索できます。

また履歴は削除することもできます。ライブラリページの一覧ページで三点リーダー（…）❷を押すと「スレッドを削除❸」という選択肢がでます。

より効率的に履歴を管理するには「スペース」機能が便利です。第7章で紹介します。

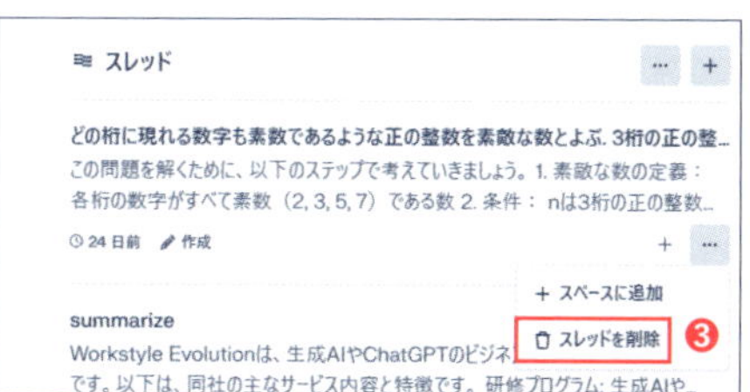

発見

左サイドバーの「発見❶」を押すと、ユーザーがPages機能で整理した様々なニュースや記事を確認できます。自分の興味に合う最新情報を確認できます。

なおPages機能でページを作成できるのはPro版限定です。この機能の詳細は第7章で紹介します。

スマホアプリ

Perplexityは、パソコン版だけでなくスマートフォン向けのアプリも提供しています。iPhoneユーザーもAndroidユーザーも利用可能で、App StoreやGoogle Play ストアからダウンロードできます。

スマホアプリの大きな利点は、いつでもどこでもPerplexityを利用できることです。電車の中や外出先でふと疑問が浮かんだとき、すぐに調べられるのは非常に便利です。同じアカウントでログインすれば、パソコン版で行った検索履歴やコレクションをスマホでも確認できるため、シームレスな利用体験が可能です。

App Storeの紹介画面

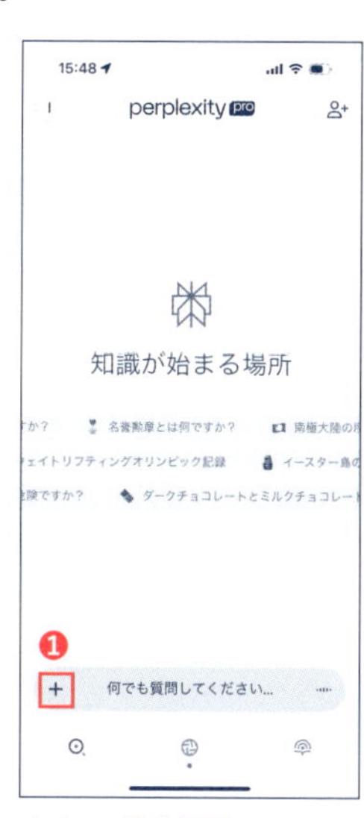

メインの紹介画面

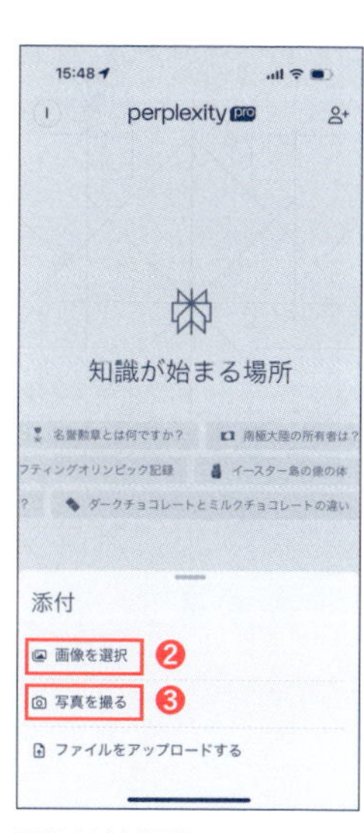

画像添付 操作画面

スマホアプリならではの機能

カメラ機能を使った画像認識の利用は便利です。入力画面で、左の「+❶」を押すと、スマホ内にある「画像を選択❷」したり、新たに「写真を撮る❸」ことができます。ただし**画像認識はPro版限定で、無料版では利用できません。**

写真の解説 操作画面①

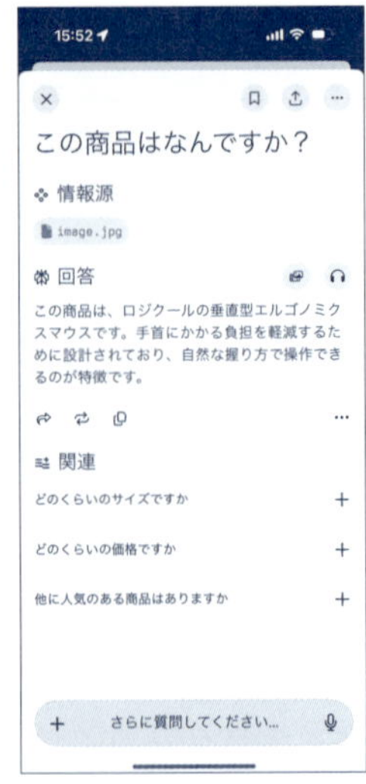

写真の解説 操作画面②

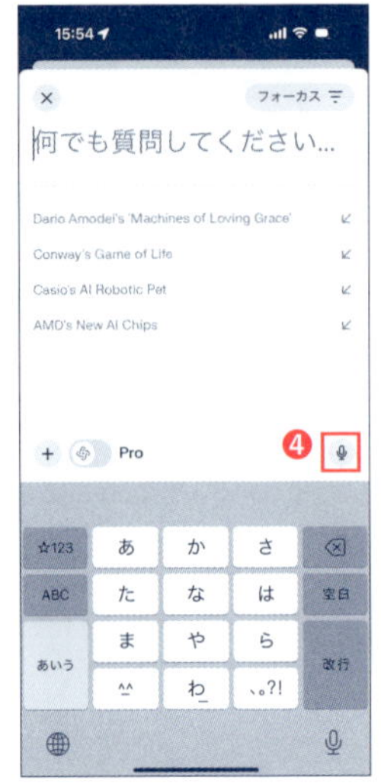

音声入力 操作画面①

写真の解説

例えば、商品写真を撮影し、「これはどんな商品ですか？」と質問するだけで、AIが画像を解析して回答してくれます。また、ビジネスの資料を撮影し、資料内容について「わかりやすく説明して」と聞くと、画像内の文章まで解説してくれます。

音声入力

スマホアプリだと音声での入力も簡単です。文章を打ち込むのが難しい悩みや相談も、手軽に入力できます。質問入力画面に進んだら、画面右側のマイクアイコン❹を押すと音声入力機能が使えます。キーボード入力が苦手な人や、歩きながら使いたい場合に特に便利でしょう。

音声会話機能

音声での会話機能も搭載されています。トップ画面の入力ボックスで、右側の波のようなアイコンをタップすると、音声会話モードがスタートし

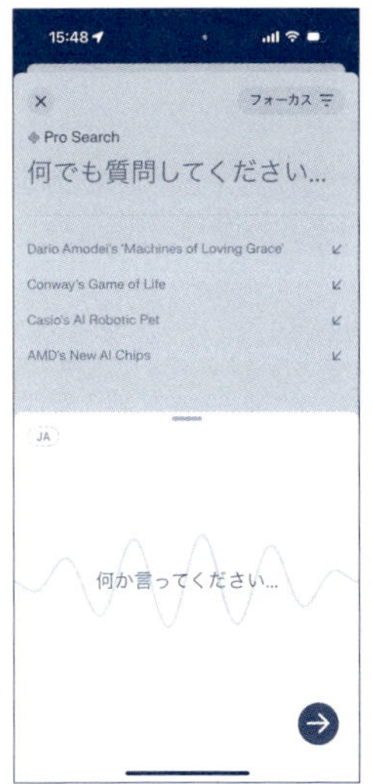

音声入力 操作画面②

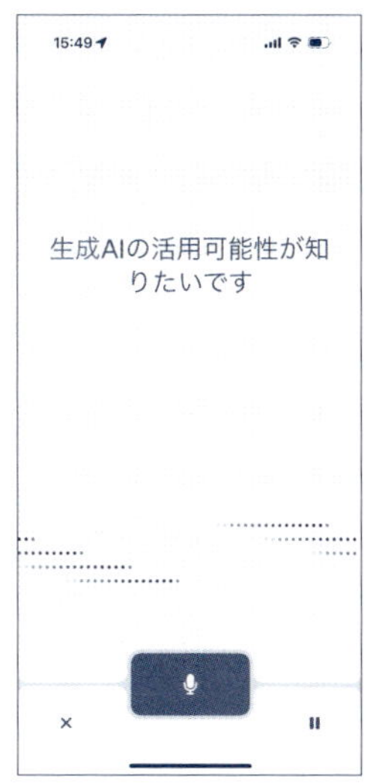

音声会話機能 操作画面①

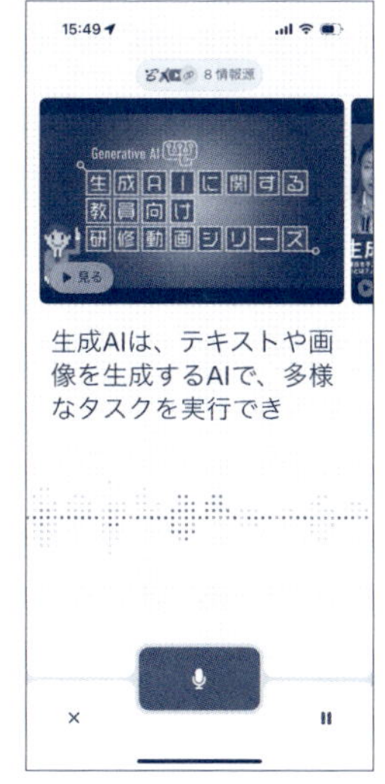

音声会話機能 操作画面②

ます。無料版だと現在は5回まで利用できます。

個人的には音声よりも文章で回答してくれる方が情報把握しやすいのでほとんど使うことはありませんが、音声で説明を聞きたい人には便利な機能です。

ただし、音声会話機能については現在も開発途上であり、今後のアップデートでさらに改善されることが期待されます。音声認識の精度や、AIの応答速度などに改善の余地があり、Perplexity AI社は継続的に機能向上に取り組んでいます。

ChatGPTやGeminiなども「音声での会話」をAI普及の重要な機能と考えていて、AIの音声会話能力は格段に進化すると思われるので、これからに期待です。

スマホアプリを活用することで、Perplexityの利用シーンが大きく広がります。日常生活のちょっとした疑問から、仕事や学習に関する深い調査まで、場所を選ばずに高度な情報収集が可能になるのです。ビジネスパーソンにとっては、移動時間や待ち時間を有効活用できる強力なツールとなるでしょう。

Perplexityの利用プランごとの違い

Perplexityの利用には以下の4つの選択肢があります。それぞれ簡単に特徴を説明します。

	ゲスト	無料版	Pro版	Enterprise Pro版
料金	無料	無料	月20ドル（年200ドル）	月40ドル/人（年400ドル）/人
基本機能（質問、ソース確認、関連質問、フォーカス、共有）	○	○	○	○
検索履歴の保存コレクション機能	×	○	○	○
プロ検索	×	5回/日	300回以上/日	無制限
画像認識	×	×	○	○
ファイルアップロード	×	3回/日	○	○
Perplexity Pages	×	×	○	○
AIモデル	選択不可	選択不可	選択可（GPT-4o、Claude 3.5など）	選択可（GPT-4o、Claude 3.5など）
API利用	×	×	○	○
商用利用	×	×	×	○
管理機能	×	×	×	○（ユーザー管理機能、シングルサインオン、高いセキュリティ要件）

※2024年9月時点

ゲスト

会員登録なしで利用するパターンです。共有機能を用いて回答ページをシェアする場合、シェアされる側は登録者でないケースも多いと思いますが、そういった際にも確認・利用できるのは便利です。

ただし検索履歴が保存されなかったり、プロ検索が使えないなど、無料版に比べても制約が大きいので、ひとまず無料版の登録はおすすめします。

無料版

メールアドレスを登録して無料で利用するパターンです。検索履歴は保存され、プロ検索を1日5回まで利用できるので、お試し利用の範囲では十分です。

Pro版

月額20ドル（または年間200ドル）で利用できるプランです。ChatGPTやClaudeの有料版と同じ程度の費用になります。

プロ検索が実質無制限で利用でき（1日300回などの制限はありますが、そこまで使うことはほとんどのケースでないと思います)、画像認識の機能も利用でき、使い勝手が格段に上がります。

Pagesという機能や、APIでの利用（プログラムからの利用）などの高度な使い方もできます。

前章で紹介しましたが、ソフトバンク系のキャリア（ソフトバンク、ワイモバイル、LINEMO）を契約している場合、なんと1年間無料でPro版を利用できます。

ただし1点、注意点があります。実は2024年9月時点の利用規約では、Pro版の商業的利用は明確に禁止されてます。ChatGPTなどの別のAIツールの場合、有料版であればほとんどのケースで商業的利用が認められているのですが、Perplexityは例外的にNGです。「個人的かつ非商業的な用途に限り、本サービスを利用することを許可」「利用制限事項：本サービスを商業目的で利用すること」と明確に否定されています。「商業目的での利用」の定義は非常に曖昧であり、個人利用の延長線上での使用において問題化されるリスクは低いと思いますが、法人として利用する際には注意しましょう。

Enterprise Pro版

1人あたり月額40ドル（または年間400ドル）で利用できるプランです。AIサービスの法人向けプランは最低利用人数が設定されていることも多々ありますが、Perplexityは1人からでも利用できます。また250人を超える場合は、割引などを含めた特別プランを相談できるようです。

Pro版の機能に加え、ユーザー管理・シングルサインオン・高いセキュリティ基準といった法人利用で求められるスペックを満たしています。

月額「40ドル／人」はけっして安い金額と言えませんが、実際にビジネスでPerplexityを使い始めると、それ以上の価値を感じるシーンは多々ありますので、本書で活用パターンを体得した上で、ビジネス利用の可能性を検証してもらえればと思います。

プロンプトのポイント（ChatGPTとの違い）

プロンプトとは、AIツールに対しユーザーが手がかりとして入力する指示文や質問文のことです。

ChatGPTなどの生成AIの急速な普及に伴い、プロンプトエンジニアリング（プロンプトを効果的に作る技術）に注目が集まっています。この分野のスキルは非常に価値が高く、アメリカでのプロンプトエンジニアの年収は平均約15万ドル（1ドル150円で2,250万円）で、30万ドル（4,500万円）を超える求人もあるようです。

日本でも、AI関連企業を中心にプロンプトエンジニアの需要が高まっており、トップレベルになると年収1,500万円を超えることもあるようです。

生成AI全般のプロンプトのポイント

さて、本書のテーマであるPerplexityも生成AIの一種であり、ChatGPTなどの他の生成AIツールとプロンプトのポイントはほとんど共通します。共通するポイントをご紹介します。

明確で具体的に指示する

期待している内容を明確に伝えることで、より適切な回答を得られます。

平凡な例　日本の経済政策について説明してください

よい例　2024年の日本の経済政策における主要な3つの施策とその目的を簡潔に説明してください

文脈や背景情報を提供する

目的や背景を伝えることで、AIが状況を理解し、より適切な回答を生成するのに役立ちます。

平凡な例　プレゼンテーションのコツを教えてください

よい例　私は新入社員で、初めての営業プレゼンテーションを控えています。顧客は中小企業の経営者です。効果的なプレゼンテーションのコツを5つ教えてください

出力フォーマットを指定する

回答の構造や形式を指定することで、より使いやすい情報を得られます。

よい例　以下の情報を表形式で提示してください

列1：世界の主要都市名

列2：その都市の人口

列3：その都市が位置する国名

数指定で、1つあたりの質・量のバランスを取る

「メリットを◯個あげてください」のように数を指定するケースはありますが、PerplexityやChatGPTは1回あたりの回答文を一定量に抑える傾向があり、指定数が少ない場合は1つ1つの回答が充実し、指定数が多いと1つ1つの回答が淡泊になります。

1つ1つの回答をどのぐらい充実させたいのかにより、いくつの回答を依頼するかを調整しましょう。

ChatGPTとのプロンプトの違い

ChatGPTは「プロンプトに含まれた指示を処理する」ためのAIですが、Perplexityは「プロンプトから、新たな情報をインターネットで検索してまとめる」ことがメインのAIです。このことから、プロンプトの作り方にもいくつかの違いがあります。

検索ワードを指定するとよい

Perplexityでは、検索したい具体的なキーワードを含めると、より意図にそった検索行動をしてくれます。
例　2025年の日本のGDP成長率予測について、IMFとOECDの見解を比較してください。IMF、OECD、日本、GDP成長率、2025年予測

「上記の…」で、繋がりを明確に指示

ChatGPTは1つの会話内のやりとりや文脈を自然に維持しますが、Perplexityは「毎回新しく検索する」という動きが標準なため、文脈がリセットされがちです。そのため、前の回答に続けて調べたい場合には、「上記の...」という補足を追加するのが有効です。追加しないと、過去のやりとりを反映しない回答になってしまうことも多いです。
例　上記の日本のGDP成長率予測について、その根拠となる主な経済指標を3つ挙げて説明してください

フォーカス機能とドメイン・ページ指定の活用

Perplexityには検索範囲を絞るフォーカス機能があります。これはChatGPTにはない機能で、より正確な情報を得るのに役立ちます。
例　（フォーカス：学術）最近5年間の人工知能の医療応用に関する主要な研究成果を3つ挙げて説明してください

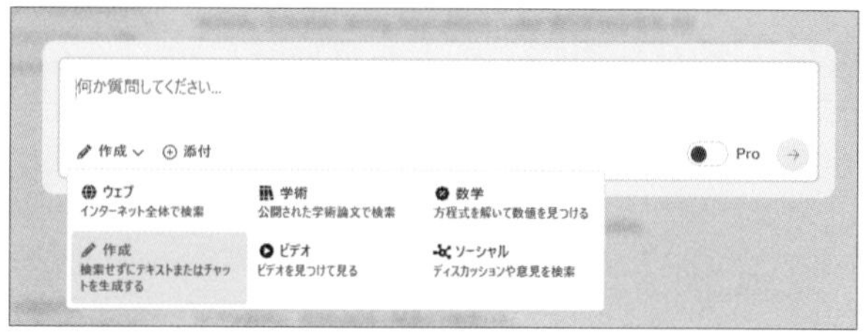

また、ドメイン指定記法・ページ指定記法や、Chrome拡張機能を使うことで、「検索範囲のドメイン」を指定することもできます。

ドメイン指定記法　プロンプトに「+URL」をつけることで、ドメイン内検索になる。ただし、効果が完全に保証されているわけではない。
例　生成AIとは？ +https://workstyle-evolution.co.jp/

生成AIとは? +https://workstyle-evolution.co.jp/

ソース

workstyle-evolution.co.jp
File · 1

回答

生成AIは、人工知能技術の一種で、新しいコンテンツや情報を自動的に生成する能力を持つシステムです。この技術は、テキスト、画像、音声、さらにはプログラムコードなど、様々な形式のデータを作成することができます。

主な特徴

- **学習能力**: 大量のデータを学習し、パターンや規則性を見出します。
- **創造性**: 学習したデータを基に、新しい独自のコンテンツを生成します。
- **多様性**: テキスト生成、画像生成、音声合成など、幅広い分野で活用されています。

ページ指定記法　プロンプトとして特定ページのURLをそのまま入れる。
例　https://workstyle-evolution.co.jp/workshop/nagoyatetsudou

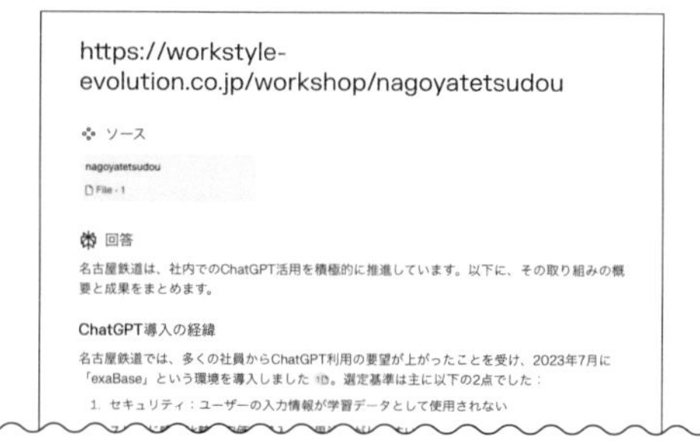
https://workstyle-evolution.co.jp/workshop/nagoyatetsudou

ソース

nagoyatetsudou
File · 1

回答

名古屋鉄道は、社内でのChatGPT活用を積極的に推進しています。以下に、その取り組みの概要と成果をまとめます。

ChatGPT導入の経緯

名古屋鉄道では、多くの社員からChatGPT利用の要望が上がったことを受け、2023年7月に「exaBase」という環境を導入しました。選定基準は主に以下の2点でした：

1. セキュリティ：ユーザーの入力情報が学習データとして使用されない

3

ビジネスの情報収集・分析での活用

第 3 章から第 6 章までは、Perplexity の具体的な活用例を余すところなく紹介していきます。まず本章では、ビジネスパーソンの実務に直結する 15 の活用シーンを具体的な使い方とともに解説します。企業分析や市場調査、競合比較、ツール選定、法律確認など、これまで数時間かかっていた作業が数分で完了する……。ビジネスの現場で必要な情報収集と分析は、Perplexity で劇的に効率化できます。

企業情報を調べる

ビジネスの世界では、企業情報を素速く、正確に把握することが成功の鍵となります。しかし、企業のホームページ、ニュースサイト、SNS……それぞれの情報源を丹念に調べ上げ、バラバラの情報を頭の中で整理する従来の方法は非常に手間がかかります。また調べていく中で「この事業はどんな内容か？」「この用語はどういう意味か？」などの疑問も次々に発生してきます。

ChatGPTなどの生成AIで企業情報について質問すると、「情報がありません」と回答されたり、まったく関係のない会社情報が回答されてしまう（ハルシネーション）リスクがあります。ChatGPTは最近「ブラウジング機能（必要に応じてインターネット検索をする機能）」が追加されていて、一定の検索を行えるケースもありますが、メインはあくまでも過去の学習データから生成する回答です。

Perplexityを使うことで、インターネット上の企業情報を横断的に検索し、かつ自分がほしい形式にまとめることが簡単にできます。

基本プロンプト

（会社名）の会社概要

実例

Workstyle Evolutionの会社概要

Sources

Workstyle Evolution ～ChatGPTの導… · workstyle-evolution.co.jp
会社概要. 会社名. 株式会社Workstyle Evolution. 代表者. 代表取締役CEO 池田朋弘. 事業内容. ChatGPT/生成AIのビジネス促進. サービス事業. YouTube/書籍で…

View 7 more

Answer

株式会社Workstyle Evolutionの会社概要は以下の通りです:

基本情報

- 会社名: 株式会社Workstyle Evolution (ワークスタイルエボリューション) 1 2
- 代表者: 代表取締役CEO 池田朋弘 1
- 所在地: 神奈川県横浜市緑区長津田4丁目20番A-709号 2 6 7
- 設立: 2020年10月7日 6 7

- 法人番号: 3012301012298 [6] [7]

事業内容

- ChatGPT/生成AIのビジネス促進 [1]
- サービス事業 [1]
- YouTube/書籍での情報発信 [1]

主なサービス

1. 生成AIの業務活用コンサルティング [3]
2. ChatGPT研修 [4]
3. 講演 [3] [4]

特徴

- 上場企業の役員経験者のビジネス知見や外資系コンサルティング会社でのテクノロジーの知見を活かしたサポートを提供 [3]
- CEO池田朋弘は、生成AIへの豊富な知見とビジネス視点での発信により、著書「ChatGPT最強の仕事術」が2万部を突破 [2]
- YouTubeチャンネルでは6.34万人の登録者を獲得し、国内有数の生成AIエキスパートと

＊Perplexityはプロンプトをわざわざ文章にせず、検索エンジンのようにフレーズ・キーワードを入力するだけでも回答を作ってくれます。入力もラクです。

＊各回答のソース（根拠）を確認することも簡単にできます。すべての回答が必ずしもソースと合っているわけではないため、少しでも気になったら必ず確認する習慣をつけましょう。

＊このプロンプトだと「会社概要」の定義がやや曖昧なため、回答内容にどんな情報が含まれるかはAI任せになります。より自分がほしい情報を得るには、発展プロンプトのように詳細に定義しましょう。

発展プロンプト

（会社名）の会社概要を以下のフォーマットでまとめてください。
フォーマット
・会社名：
・設立年月日：
・代表者名：
・従業員数：
・事業内容：
・強み：

実例

Workstyle Evolutionの会社概要を以下のフォーマットでまとめてください。

フォーマット
・会社名：
・設立年月日：
・代表者名：
・従業員数：
・事業内容：
・強み：

Sources

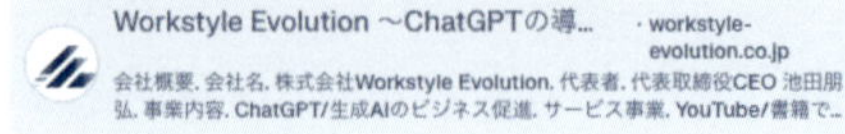

Answer

検索結果に基づいて、Workstyle Evolutionの会社概要を以下のようにまとめました：

・会社名：株式会社Workstyle Evolution（ワークスタイルエボリューション）

・設立年月日：2020年10月7日 5 8

・代表者名：池田朋弘（代表取締役CEO） 2

・従業員数：情報なし

・事業内容：

- ChatGPT/生成AIのビジネス促進 1

＊フォーマットを定義することで、検索後に知りたい情報をピンポイントで抽出してくれます。ネット上にない情報は「情報なし」などと回答されます。

応用プロンプト

（会社名）の企業理念やビジョンをまとめてください。

（会社名）の最新の決算情報を調べて、収益や利益をまとめてください。

（会社名）の主要製品・サービスの概要と特徴をリストアップしてください。

（会社名）の最近のニュースやプレスリリースをまとめてください。

（会社名）のリスク要因と課題を調べ、解説してください。

上場企業の分析

上場企業については、株価やより詳細な情報が確認できる機能が追加されました。「(社名) を分析して」などと質問すると、下記のように直近の株価が表示されます。

実例

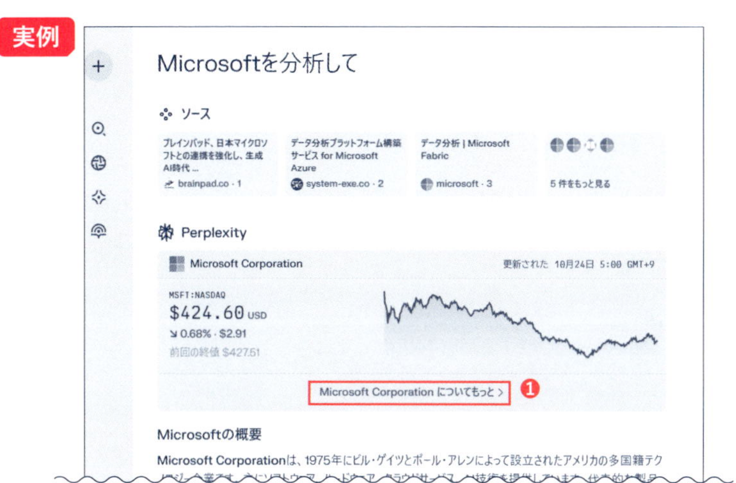

*「〜についてもっと詳しく❶」を押すと、より詳細情報を確認できます。

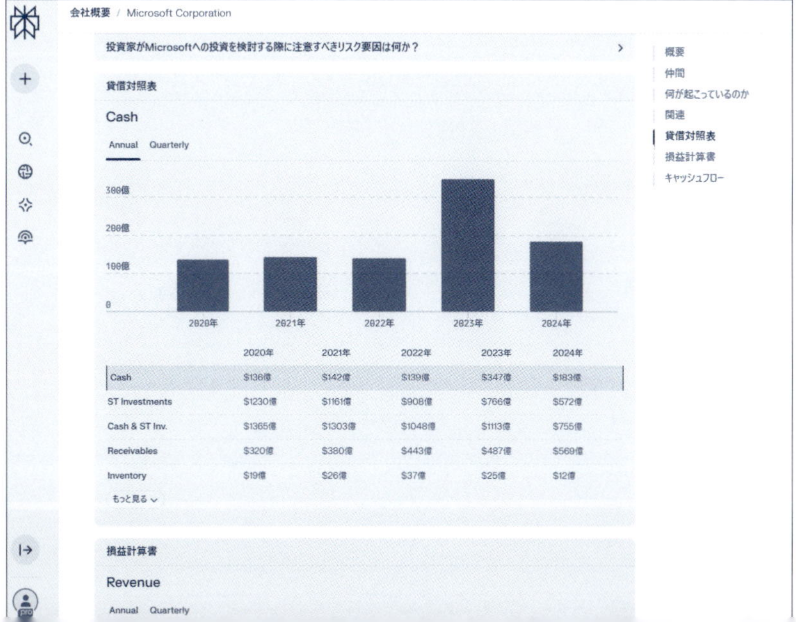

	2020年	2021年	2022年	2023年	2024年
Cash	$136億	$142億	$139億	$347億	$183億
ST Investments	$1230億	$1161億	$908億	$766億	$572億
Cash & ST Inv.	$1365億	$1303億	$1048億	$1113億	$755億
Receivables	$320億	$380億	$443億	$487億	$569億
Inventory	$19億	$26億	$37億	$25億	$12億

＊なお、日本の企業については、表示されたりされなかったりと、やや挙動が不安定です。社名の後ろに証券コード（例　2130：TYO　※TYOは東京証券取引所の略）をつけるなどで表示されやすくなりますが、あまり規模が大きくない上場企業だと表示されないケースもあります。

市場を調べる

市場調査はビジネス活動に欠かせませんが、複数の業界レポートを確認し、競合他社の動向をチェックし、最新のトレンドを追いかける……こうした作業を人力で行うのは非常に手間がかかります。

検索に特化していないChatGPTなどの生成AIでは、市場について質問しても、正確なデータを得られない可能性が高いです。

Googleなどの検索エンジンを使えば、市場に関する様々な情報源にアクセスできますが、複数のウェブサイトやレポートを閲覧し、それらの情報を統合して全体像を把握するのに時間がかかります。

Perplexityを使うことで、市場に関する最新かつ信頼性の高い情報を効率的に収集し、整理できます。複数の情報源から得たデータを自動的に統合し、要約までしてくれます。

基本プロンプト

（市場）の規模・トレンドを調べて

実例

生成AI市場の規模・トレンドを調べて

Answer

生成AI市場は急速に成長しており、今後も大きな拡大が見込まれています。主なポイントは以下の通りです:

市場規模の予測

- 世界市場:
  - 2023年: 106億ドル
  - 2030年: 2,110億ドル (2023年の約20倍)
  - 年平均成長率: 53.3%
- 日本市場:
  - 2023年: 1,188億円
  - 2030年: 1兆7,774億円 (2023年の約15倍)
  - 年平均成長率: 47.2%

成長が見込まれる分野

- 製造業: 2030年に507億ドル規模、年平均成長率54.6%
- 金融業
- 通信・放送業

＊このシンプルなプロンプトでも、市場に関する基本的な情報を提供してくれます。あまり仮説がなく、ひとまず概要を把握したい場合には十分です。

＊このように広いトピックを探す際には、プロ検索の利用をおすすめします。プロ検索を使うことで、Perplexityが勝手に調査設計を行った上で、多角的に検索してくれます。

＊しかし企業情報と同様、このプロンプトだと得られる情報が広範囲になりすぎたり、逆に不足したりする可能性があります。より具体的な情報を得るには、発展プロンプトのように詳細化しましょう。

発展プロンプト

（市場）の規模トレンドを調べて、以下の項目についてまとめてください：

・世界市場の規模（現在と将来予測）

・日本市場の規模（現在と将来予測）

・年平均成長率（CAGR）

・成長が見込まれる主要分野

・主要企業とその市場シェア

・最新の技術トレンド

実例

生成AI市場について以下の情報を調査し、まとめてください：
1. 世界市場の規模（現在と将来予測）
2. 日本市場の規模（現在と将来予測）
3. 年間成長率
4. 成長が見込まれる主要分野
5. 主要企業とその市場シェア
6. 最新のトレンドや技術革新

Answer

生成AI市場について調査した結果、以下のようにまとめることができます。

市場規模

世界市場

- 2023年の世界の生成AI市場規模は約130億ドル（約1.9兆円） 7
- 2030年には9676.5億ドル（約141兆円）に達すると予測されている 8

日本市場

- 2023年の日本の生成AI市場規模は約1兆円 2
- 2030年には約1兆7774億円に成長すると予測されている 2

年間成長率

- 世界市場の年平均成長率(CAGR)は2024年から2030年にかけて36.5%と予測されている ?
- 日本市場も同様に高い成長率が見込まれている

成長が見込まれる主要分野

1. メディア・エンターテインメント
2. 金融(BFSI)
3. IT・通信
4. ヘルスケア
5. 自動車・運輸
6. ゲーム ?

主要企業とその市場シェア

1. データセンターGPU市場

＊このプロンプトでは、ほしい情報を具体的に指定しています。これにより、関連する情報を効率的に検索し、整理された回答を出せます。

＊このような複雑な調査依頼の場合はプロ検索にしましょう。プロ検索を使わない場合、情報が限られて浅い回答に留まってしまいます。

＊数値データや具体的なトレンド、企業情報など、幅広い観点から（市場）の全体像を把握できます。

＊各項目について詳細な情報が得られない場合は、でたらめな回答はせずに「情報が見つかりません」と答えてくれるため、情報の欠落を認識しやすくなります。

応用プロンプト

（市場）における主要プレイヤーをリストアップしてください。

（市場）に影響を与える主要な規制や法律について説明してください。

（市場）における新興企業（スタートアップ）の動向と、彼らが市場にもたらす可能性のある変化について調査してください。

（市場）における消費者行動の変化と、それが市場に与える影響について分析してください。

（市場）におけるサステナビリティトレンドと、それが製品開発や企業戦略に与える影響について調べてください。

競合を調べる・比較する

市場調査と同様に、競合分析はビジネスにおいて不可欠な要素ですが、従来の方法では多大な時間と労力を要します。複数の企業のウェブサイトを個別にチェックし、それぞれの情報を手作業で比較表にまとめる……。このような地道な作業を繰り返すうちに、貴重な時間があっという間にすぎていってしまいます。

ChatGPTなどの生成AIでは、前述のとおり、回答された情報が古かったり誤って生成されるなどのリスクがあります。

Perplexityを使うことで、複数の企業の最新情報を横断的に検索し、比較可能な形式で整理することが簡単にできます。

基本プロンプト

（会社名・事業）の競合企業をリストアップして

実例

株式会社Workstyle Evolutionの生成AI研修の競合企業をリストアップして

Sources

ChatGPT研修を提供しているおすすめ企業5社【2024】 liginc.co · 1

Workstyle Evolution ～ChatGPTの導入・活用なら workstyle-evoluti... · 2

現代に必須のビジネススキルを学ぶ「生成AI研修」とは n-v-l · 3

View 5 more

Answer

株式会社Workstyle Evolutionの生成AI研修の主な競合企業として、以下がリストアップできます:

主要な競合企業

1. 株式会社AVILEN
   AVILENはAIシステムの実装やDX人材育成など先端技術の活用支援を行っており、ChatGPTのビジネス研修をeラーニング形式で提供しています 1。
2. ゴートマン合同会社（ChatGPTカレッジ）
   ChatGPTカレッジという名称で研修サービスを展開しています 1。
3. トレノケート株式会社
   AIの基礎から生成AIに関する研修、AI活用したビジネス企画研修など、段階的に学べる講座を用意しています 4。
4. 株式会社キカガク
   DX人材育成研修を提供しており、AI関連の研修も含まれています 4。
5. 株式会社SHIFT AI
   AI研修から導入推進までを網羅的にカバーし、2,000名以上のAI人材を育成した実績を持つ企業です 4。

＊そもそも競合企業がわからない場合、このプロンプトで社名をリストアップすることができます。各企業の特徴や提供しているサービスの概要も簡潔に説明されており、競合状況の全体像を把握するのに役立ちます。

基本プロンプト2

以下のX社の（事業）を比較して
・(社名1)
・(社名2)
・(社名3)

実例

Answer

株式会社Workstyle Evolution、株式会社AVILEN、株式会社インソースの3社が提供する生成AI研修サービスを比較すると、以下のような特徴があります:

研修内容と特徴

Workstyle Evolution

- 実践的で具体的なビジネスケースや活用シーンを中心とした研修を提供 12
- 特定業務の工数30%削減など、具体的な成功事例を創出 13
- 上場企業の役員経験者や外資系コンサルティング会社での経験を活かしたサポート 12

AVILEN

- 生成AIの基礎を網羅的に学べる「生成AIリテラシー研修」を提供 11
- 生成AIの利便性、リスク、活用事例について学び、ワークを通して活用イメージを形成 11
- データサイエンティスト60名以上による手厚いサポート体制 9

インソース

- 初級から上級まで幅広いレベルに対応した研修ラインナップを提供 18
- 業種や職種に特化した研修（例：出版業界向けChatGPT研修）も用意 18
- ChatGPTやMicrosoft 365 Copilotなど、具体的なツールの使い方に焦点を当てた研修も提供 18

＊指定した会社情報を収集した上で、各社を比較してくれます。

＊プロ検索を用いると、各社を個別に調べた上でより詳細に比較してくれます。プロ検索を使わない場合は、情報としてはやや浅くなる懸念があります。

＊このプロンプトだと、どのような視点で比較してほしいかを指定していないため、どのような回答になるかはAI任せになります。

発展プロンプト

以下のX社の（事業）を比較し、表形式でまとめてください：

企業：
・（社名1）
・（社名2）
・（社名3）

比較項目：
・主な研修内容
・対象者
・研修形式（オンライン/オフライン）
・特徴的なプログラムや強み
・価格帯（わかる場合）
・受講者の評判や実績（わかる場合）

実例

Answer

以下の表で3社の生成AI研修サービスを比較しました：

比較項目	Workstyle Evolution	AVILEN	インソース
主な研修内容	ChatGPTの基礎知識、業務活用パターン、プロンプトエンジニアリング、最新ビジネス活用事例 9	生成AIリテラシー、ChatGPT活用、Copilot for Microsoft 365活用、プロンプトエンジニアリング 10	ChatGPTの基本操作、業務効率化、ビジネス文書作成、Excel活用 4 5
対象者	全社員、管理職、実務担当者 9	全社員、利用者、企画・提供者、実装者、開発者 10	初級者から上級者まで、新入社員、若手、管理職 4 5
研修形式	オンライン、オフライン 9	eラーニング、対面研修 10	オンライン、オフライン 4 5
特徴的なプログラムや強み	ビジネス経験豊富な講師による実践的な研修、カスタマイズ可能な内容 9	700社以上の支援実績、経済産業省のガイドラインに沿った人材タイプ別研修 10	多様な研修ラインナップ、業界・職種別のプログラム提供 4 5
価格帯	情報なし	情報なし	ChatGPTのはじめ方研修（半日）：33,000円（税込） 4
受講者の評判や実績	特定業務の工数30%削減などの成功事例あり 9	eラーニングアワード2年連続受賞 10	年間受講者数1000名以上（ChatGPTのはじめ方研修） 5

この比較表から、以下のような特徴が見られます：

＊比較項目を指定することで、自分が知りたい視点で比較ができます。
＊「表形式で」と指定することで、表でまとめられた回答を見ることができます。
＊各社の情報を詳しく調べてほしい場合はプロ検索がおすすめです。

応用プロンプト

（企業名）のSWOT分析（強み、弱み、機会、脅威）を行ってください。

（企業A）、（企業B）、（企業C）…の経営陣の経歴と専門性を比較してください。

（企業A）、（企業B）、（企業C）…のデジタルマーケティング戦略を比較してください。

（企業A）、（企業B）、（企業C）…の過去5年間の売上高と利益率を比較し、グラフで視覚化してください。

（企業名）の主要製品・サービスのポジショニングマップを作成し、競合他社との比較を視覚化してください。

ライバル他社の集客企画の調査

「『○○といった集客企画を検討中だが、同一エリアですでに実施している他社がいるかどうか検索して調べてください』と尋ねることで、数社の実施例を見つけてくれました。企画している内容と類似していたものが見つかりましたが、狙いが異なっていることがわかり、現在企画中の内容を推進していく方向に意思決定できました」（株式会社ハウスコンパス　吉田孝之）

営業前の仮説立案（質問リスト作成）

Perplexityはシンプルなプロンプト（質問）でも十分に使えますが、より本格的に使う場合は、プロンプトにこだわることでさらに高度な活用が可能です。

このプロンプトは、私の会社（Workstyle Evolution）のメンバーである池上が、クライアント案件の中で「顧客との打ち合わせ前に、短時間で精度の高い仮説・質問を作りたい」という要望にそって開発したプロンプト案を紹介します。実際のプロンプトはLINE登録でプレゼントします（巻末参照）。非常に実践的で参考になると思います。

発展プロンプト

あなたは（事業内容）の営業マンです。
ある企業を新規顧客として、いまから（サービス）の提案に向けて企業情報をチェックしたいと思っています。
以下のチェックシートに沿ってWeb上の情報を確認し、その結果を記載してください。
重要：検索結果は急がないので、なるべく端的かつ網羅的に記載してください。
対象企業
（対象企業の名前）
事前調査すべき内容
（チェック項目をできるだけ具体的に）

実例

あなたはWorkstyle Evolutionという生成AIコンサル会社に居て、徹底的なチェックが得意な優秀な営業マン兼生成AIコンサルタントです。 私は同じ会社に居る新人営業です。研修の提案に向けて企業情報を徹底的にチェックしたいと思います。 以下のチェックシートに沿ってウェブ上の情報を確認し、その結果を記載してください。 ：重要予測系AIなど、生成AIではないAI領域に関する検索ではなく、先行生成AIにチェック領域を絞ってください。調査すべき内容 ## 事業内容 ### 対象企業の事業ポートフォリオは何か？どの事業が主な収益源か？ ###最近始められた新規事業、新規サービスはあるのか？ ## AIへの意識 ### 対象企業生成においてAIは戦略上どのような集中であるか？か？ ### 生成AI導入のリーダーシップ今後と予想される配置や、役職者は存在するか? ### 生成AIに強い外部パートナーとの提携はあるか? 業務提携などを発信しているか? ## 人材への投資 ### 育成や人の投資について、対象企業は積極的か？系の企業としてどのような企業があるのか？ ### 育成や人的資本戦略について、対象企業はどのように考えますか? 具体的に伸ばしていきたいスキルセットや細分は存在するか? # #競合の動き ### 競合はどのように生成されているのかAIを活用しているか？対象企業との差別化の範囲はあるか？

プロ検索

- 株式会社メンバーの事業内容、特に事業ポートフォリオや新規事業について調査する。
- 株式会社メンバー生成AIに対する意識や取り組み、外部パートナーの有無について調査する。
- 株式会社メンバー人材への投資や育成戦略について調査し、HRパートナー企業の存在を確認する。
- 競合の生成AI利用状況を調査し、株式会社メンバーズとの比較を行うための情報を聞きます。
- 集めた情報をまとめ、チェックシートに基づいて報告内容を整理します。

出典

生成AIで業務プロセスを改善！コストやリソースをスリム化する ... メンバーズメディ... · 1	【プレスリリース】全従業員の約90%が生成AIを業務で活用！ 常駐 ... データアドベンチ... · 2	メンバーズ、「生成AI活用支援」サービスの提供を開始 - PR TIMES プレスリリース · 3	さらに12件表示

答え

株式会社メンバーズについて、チェックシートに沿って徹底的に情報を確認し、結果を記載いたします。

対象企業

株式会社メンバーズ

事前調査すべき内容

事業内容

対象企業の事業ポートフォリオは何か？どの事業が主な収益源か？

- デジタルビジネス運用支援事業が主な事業 11
- EMC(エンゲージメント・マーケティング・センター)事業とデジタル人材事業の2つを主力事業として展開 10

最近はじめられた新規事業、新規サービスはあるのか？

- 2023年4月立ち上げたメンバーズビジネスイーカンパニーでは、BtoB企業および法人営業部門に特化したデジタル支援を行っている 9
- 2024年1月に「生成AI活用支援」サービスの提供を開始 3
  - 生成AI導入コンサルティング・活用研修から業務プロセス改善診断、Webサイト・SNS・広告運用、企業専用の生成AI利用環境構築まで一気通貫でサポート

AIへの意識

対象企業に関してAI生成は戦略上どのような長期であるか？

- 生成AIを活用した業務プロセス改革で生産性向上を実現し、企業のビジネス成果創出を支援する「生成AI活用支援」サービスの提供開始 3

＊「検索結果は急がないので、なるべく端的かつ網羅的」と指示することで、スピードではなく深さを重視してもらうようにリクエストしています。我々が案件で試した際には、この記載がある方が、より細かく検索をしてくれる動きが多く見られました。

＊「事前調査すべき内容」は、提案や商材ごとに異なると思いますが、できるだけ網羅的かつ構造的に記載するのが重要です。実際に我々が案件を行う際には、過去の商談データや顧客からのよくある質問を分析して設計しています。

発展プロンプト2（上記の続き）

あなたは網羅的なチェックと事前質問設計が得意な（事業内容）の営業マンです。
上記の企業を新規顧客として、いまから（サービス）の提案と受注に向けた、商談時の質問項目を考えたいと思っています。
提案にあたっては、サービス導入に向けた課題感や期待をうまく顧客に言語化してもらい、所定の「# 聞きたいことリスト」に沿った情報を収集する必要があります。そのため、顧客が答えやすいように仮説を含めた具体的な質問を考案する必要があります。
いままで検索された情報と、以下のSTEPに沿って、商談時に投げかけるべき適切な質問のスクリプトを8個考えてください。
STEP1：これまでの検索結果と、必要に応じて新しく情報を検索して、「# 聞きたいことリスト」に対する回答内容を仮説でもよいので類推してください。
重要：STEP1で類推した結果は、想像ベースでよいので、必ず各質問に対する回答内容を出力してください。
STEP2：「# 適切な質問スクリプトを考案するテクニック」の「## 全ての質問に対して適用すべきテクニック」を参照し、質問1つずつに対して、ゆっくりと・深く作成する質問と前置きの方向性を<thinking></thinking> XML タグ内で考えてください。それから、<answer></answer> XML タグ内で質問のスクリプトを考えてください。
重要：これまでの検索結果には、予測系AIなどの「生成AIではない」AIサービスやツールに関する情報も含まれています。これらを用いた枕詞や仮説は用いないでください。
STEP3：STEP2のanswerタグの内容を使い、「最終的な出力フォーマット」のように質問を出力してください。
聞きたいことリスト"""
（商談で聞きたいことのリスト）
適切な質問スクリプトを考案するテクニック
（質問テクニック。各社のエース営業などの工夫や留意点を言語化）
STEP3での最終的な出力フォーマット"""
{質問例 1}
➡{質問例1の狙い}
{質問例 2}
➡{質問例2の狙い}

実例

あなたは網羅的なチェックと事前質問設計が得意な、働き方進化という生成AIコンサル会社で働く優秀な営業マン兼生成AIコンサルタントです。私は同じ会社に勤める新人営業です。、今から生成AI研修サービスの提案と受注に向けて、商談質問時の項目を考えたいと思っています。提案にあたっては、サービス導入に向けた課題感や期待をうまく顧客言語化してもらい、そのため、顧客が答えやすいように検討を含めた具体的な質問を考案する必要があります。今まで検索された情報と、以下のSTEPに沿って、商談時に投げかけ適切な質問のスクリプトを8個考えてください。 STEP1: これまでの検索結果と、必要に応じて新しい情報を検索して、「#聞きたいことリスト」重要：STEP1で類推した結果は、想像ベースでよいので、必ず各質問に対して回答内容を出力してください。 STEP2: 「#適切な質問スクリプトを考案するテクニック」の「## 「全ての質問に対して応用すべきテクニック」を参照し、質問１つずつに対して、ゆっくりと・深く作成する質問と前置きの方向性を<思考></思考> XMLタグ内で考えてくださいそれから、<answer></answer> XML タグ内で質問のスクリプトを考えてください。 重要：これまでの検索結果には、予測系AIなどの「生成AIではない」AIサービスやツールに関する情報もSTEP3: STEP2の回答タグの内容を使い、「最終的な出力形式」のように質問を出力してください。リスト""" ## 1 どうやって生成AI研修を実施したいと考えたのか？ ## 2 どういった部門や業務領域で生成AI研修を実施すると、最も効果がありそうか？ ## 3 研修参加者## 4 どのようなスキルセットを伸ばして欲しいと思うか？ ## 4 どのような研修を実施すると、静か参加者のスキルが伸びると思われるか？ ## 6 毎回研修実施したいと思うか? 想定するタイミングや時期はあるか? ## 7 研修の予算感はいくらか？ ## 8 社内の稟議を進めてゆく上で、ボトルネックになりそうな点はあるか？ """ #聞きたいことリストに掲載されている質問が顧客が回答内容を想像する枠組みが高い理由 ・質問する相手本人ではなく、所属企業全体の意思や判断に対する質問を投げかけているため、相手が正しい回答内容を想像する際に抽象的な思考作業が発生する。・思考作業を行う労力が高いと相手に判断されてしまうと、思考が投げやりになり、ますます回答への準備が決まってしまう。の質問に対して適用したいテクニック ### 今まで検索した情報を元に、質問の雑談や例、推測を前置きする 例：XXのリリースを拝見すると、今度はXXということを御社は期待されている## その他のテクニック ### 具体的な事実や過去の経験、教訓を引き出す。""" 例：過去に実施した●●研修に関して、御社が学んだ最も重要な予告は何ですか？ 具体的な数値やデータを引き出す。数を限定する。""" ### 関係者の意見やフィードバックを引き出します。""" 例：今回の研修の実施検討をする上で、上長のXXさんはどのようなようなご意見でお入りますか。 """ ### 一般的な例を提案します。""" ・生成AIに期待するポイントとして「業務効率化」「クリエイティブへの活用」「データ分析への活用」などが挙げられますが、御社の場合はどのような点になりますでしょうか？""" #STEP3での最終的な出力フォーマット0 """ /n {質問例 1} →{質問例 1 の戦場} {質問例

答え

STEP1: 結果検索を元に、「#聞きたいことリスト」に対する回答内容を読んで相当推します。

1 どうやってAI研修を実施したいと考えたのか？

メンバーズは2030年までに1万人のデジタルクリエイターを採用・育成する計画を立てており、生成AIの活用は重要な要素となっております。社内での生成AI活用だけでなく、顧客向けの生成AIサービスの提供を検討する必要性が随時あるため、研修を実施したいと考えられます。

2 どういった部門や業務領域で生成AI研修を実施すると、最も効果がありそうか？

デジタルビジネス運用支援を行うEMC事業デジタルと人材事業が主力事業であるため、これらの部門で生成AI研修を実施すると最も効果があると考えられます。 特に、Webサイト制作・運用、マーケティング、データ分析などの領域で効果が高いと推測されます。

3 研修参加者にはどのようなスキルセットを伸ばしてほしいと思いますか？

AIを活用したWebサイト制作・運用スキル、マーケティング戦略立案能力、データ分析スキル、プロンプトエンジニアリングスキルなどを伸ばして欲しいと考えていると推測されます。

4 どのような研修を実施すると、直感的に参加者のスキルが伸ばせると思われるか？

実践的なワークショップ形式の研修や、実際の業務に即した事例を用いたハンズオン研修が効果的だと考えられていると推測されます。自発的にわかりやすい環境づくりも重要視していると考えられます。

5 研修、大切な会社として、直感生成AIに今後期待することはどんな点か？

業務効率化による生産性向上、顧客向けサービスの品質向上、新規サービスの開発、デジタルクリエイターの育成加速などを期待していると推測されます。

6 研修はいつ実施したいと思うか？ 想定するタイミングや時期はあるか？

2024年度の初期段階、できれば第1期（4月～6月）に実施したいと考えていると推測されます。

7 研修の予算感はいくらか？

具体的な金額は不明ですが、デジタルクリエイター1万人の育成計画を考慮すると、1人あたり10万円程度、全体で1000万円程度の予算を想定していると推測されます。

8社内の稟議を進めてゆく上で、ボトルネックになりそうな点はあるか？

予算の承認、研修実施による短期的な生産性低下への懸念、研修効果の測定方法の確立などがボトルネックになる可能性があると推測されます。

STEP2: 質問スクリプトを作成します。

< Thinking> 質問 1 に対しては、メンバーの 2030 年ビジョンと生成 AI 活用の関連性を踏まえた前置きを行い、具体的な動機を引き出す質問を考えます。 </ Thinking> <answer> メンバーズさま はその中で、生成AIの活用は重要な要素になると思われますが、具体的にどのような理由や背景なのかがあって、今回生成AI研修の実施を検討されているのでお願いしますか ？領域を引き出す質問を考えます。 </ Thinking> <answer> 御社はEMC事業とデジタル人材事業を主力とされていますが、これらの事業領域の中で、特にどの部門や業務領域でAI研修を生成実施すると、最も大きな効果が得られると考えて組みますか？ 例えば、Webサイト制作・運用、マーケティング、データ分析などの領域が考えられますが、いかがでしょうか ？ 質問3については、デジタルクリエイターに求められるスキルセットを踏まえた前置きをし、具体的に伸ばしたいスキルを引き出す質問を考えます。 </ Thinking> <answer> デジタルクリエイターには多様なスキルが求められ ますされると思いますが、生成AI育成研修、特にどのようなスキルセットを伸ばしたいとお考えでしょうか？例えば、生成AIを活用したWebサイト制作・運用スキル、マーケティング戦略的能力、データ分析スキル、プロンプトエンジニアリングスキルなどが考えられますが、御社として特に注力したい領域はありますか？ </answer> < Thinking> 質問4に対しては、メンバー全員の研修プログラムを主体的に前置きを行い、効果的な研修方法を引き出す質問を考えます。 </ Thinking> <answer> 御社では「Co-Creation Digital Lab.」という社内講座を実施されているとサーブされています。例えば、実践的なワークショップ形式や、実際の業務に即した事例を用いたハンズオン研修などが考えられますが、御社の理想とする研修スタイルをお聞かせください</answer> <思考> 質問5に対しては、生成AIの一般的な活用領域を踏まえた前置きを行い、会社としての具体的な期待を引き出す質問を考えます。 </ Thinking> <answer> 生成AIの活用により、業務効率化や新規サービス開発など、様々な効果が期待されていますが、御社として生成AI研修最も期待されている点は何でしょうか？の開発、デジタルクリエイターの育成加速など考えられますが、特に重視されている点をお聞かせください。 </ Thinking> <answer> 新年度の事業計画に合わせて研修の実施

ます。

質問例 1メンバーズさまは 2030 年までに 1 万人のデジタルクリエイターを育成する計画をお持ちとサーベイしています。その中で、生成 AI の活用は重要な要素になると思われますが、具体的にどのような理由や背景があって、今回生成AI研修の実施を検討されているのでお願いしますか？→生成AI研修実施の具体的な動機や背景を見据えたような、提案の方向性を絞り込むための質問です。

質問例 2御社はEMC事業とデジタル人材事業を主力とされていますが、これらの事業領域の中で、特にどの部門や業務領域で生成AI研修を実施すると、最も大きな効果が得られると考えて

＊いきなり質問リストを作らせずに、3つのステップをたどらせることで、精度を上げています。

＊ステップ2では、thinkingタグとanswerタグを分けることで、AIがしっかり思考した上で回答を作成するようにしています。現在の生成AIは、自分自身が出力した内容も使って新たに出力を進めていくため、thinkingタグを設けることで必要な情報を再度出力させているわけです。なおXMLとは「Extensible Markup Language」の略で、タグ（<>）を使い、情報構造を明確にする記法です。この指定が絶対に必要なわけではないのですが、書いてある方がAIにとって意味が理解しやすいため記載しています。

＊「聞きたいことリスト」「適切な質問スクリプトを考案するテクニック」は、企業・サービスごとに異なります。当社が顧客に対して設計する時は、前述のとおり、ヒアリングや調査を重ねて個別に作っています。巻末の特典では当社の例を記載しているので参考にしてください。

短時間で精度の高い仮説・質問リスト作成を実現

「もともとは検索領域に強いという評判で使い始めたPerplexityですが、使えば使うほど検索以外でも強みがあり、その柔軟性やユースケースの豊かさに驚く日々を過ごしています。特に営業という人間的な要素が強い領域でも高い成果を出せたことで、今後はHRやマーケといった他の業務にも転用する余地が広がったと考えます。これからも新しく、クリエイティブな仕事の形を生み出せるように実証を重ねていきます」

（株式会社Workstyle Evolution 生成AIコンサルタント　池上斉弘）

論文を調べる

ビジネスの現場で、自社の戦略や新規事業の妥当性を裏づけるために学術研究を参照することは珍しくありません。しかし、専門外の論文を理解し、そこから必要な情報を抽出するのは大変です。データベースで検索しても何百件もヒットする中から、本当に役立つ論文を見つけ出すのはかなり面倒です。

ChatGPTで研究結果について質問すると、企業情報や市場情報と同様、情報が古かったり、具体的な数値が曖昧になる懸念があります。

Perplexityを活用することで、最新の研究結果を効率的に収集し、必要な情報を整理することができます。

基本プロンプト

（調査テーマ）についての研究結果を教えて

実例

生成AIの生産性アップについての研究結果を教えて

＊検索をする際に、フォーカス機能から検索対象を「学術」に絞ることで、学術論文データだけを検索対象にできます。

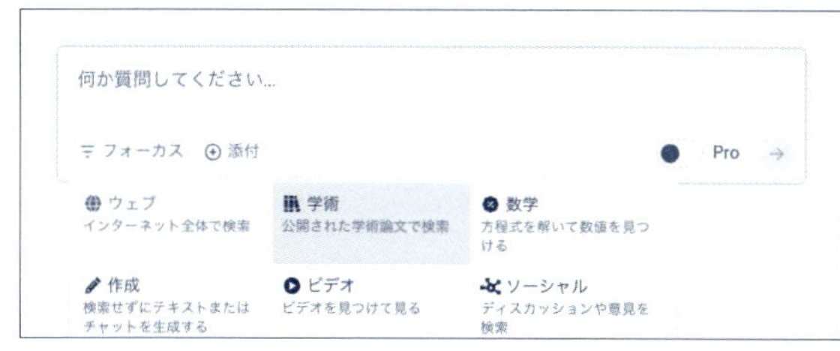

＊このシンプルなプロンプトでも、関連する最新の研究結果を検索し、要約してくれます。

＊このプロンプトでは「生産性アップ」の定義があいまいなため、回答の範囲が広くなる可能性があります。より絞りたい場合は、発展プロンプトのように、具体的な要望を入れましょう。

発展プロンプト

（より具体的なテーマ例）に関する最新の研究結果を、以下の項目にそってまとめてください：
・研究タイトルと発表年
・研究対象（どの生成AIツール、対象者など）
・主要な発見（具体的な数値を含む）
・研究方法の概要
・限界点や今後の課題

実例

生成AIの開発者の生産性向上に関する最新の研究結果を、以下の項目に沿ってまとめてください：

1. 研究タイトルと発表年
2. 研究対象（どの生成AIツール、対象者など）
3. 主要な発見（具体的な数値を含む）
4. 研究方法の概要
5. 限界点や今後の課題

Answer

生成AIの開発者の生産性向上に関する最新の研究結果について、指定された項目に沿ってまとめます。

研究概要

研究タイトルと発表年
"The Impact of Large Language Models on Developer Productivity: An Empirical Study"（2023年）

研究対象

- 生成AIツール：GitHub Copilot
- 対象者：ソフトウェア開発者（経験レベル1～10年以上）

主要な発見

1. 生産性の向上：
   - タスク完了時間が平均56%短縮
   - コード品質が33.8%向上
2. 経験レベルによる影響：
   - 経験の少ない開発者（1-5年）の生産性が最も向上（73%）
   - 経験豊富な開発者（10年以上）も生産性が向上（40%）
3. タスクの複雑さによる影響：
   - 複雑なタスクでの生産性向上が顕著（66%）
   - 単純なタスクでも生産性が向上（46%）

研究方法

1. 参加者：120名のソフトウェア開発者
2. 方法：
   - 対照実験（GitHub Copilotを使用するグループと使用しないグループ）

＊「テーマの具体化」と「回答結果の指定」を行うことで、求める情報を、求めるフォーマットで過不足なく回答してもらいやすくしています。
＊プロ検索を使うことで、より多くの情報を得られます。

応用プロンプト

（調査テーマ）についての論点の結果を要約してください。

（特定の技術）の最新の応用事例に関する研究をリストアップし、それぞれの主要な成果を簡潔にまとめてください。

（2つの手法）を比較した研究はありますか？　主な発見を教えてください。

（特定の分野）における（特定の問題）に対する革新的なソリューションを提案している最新の研究を3つ見つけ、それぞれのアプローチを比較してください。

（特定の技術）の（特定の側面）に関する批判的分析を行っている研究を探し、主要な批判点と提案されている改善策をまとめてください。

人物を調べる

ビジネスパートナーや取引先の代表者について調べる機会は多いものです。しかし、正確な最新情報を集めるのは意外と難しいものです。SNS、ニュース記事、会社のプロフィールなど、様々な情報源を確認する必要があります。

Perplexityを使えば、ネット上の人物情報を横断的に検索し、かつ自分がほしい形式にまとめることが簡単にできます。最新の情報を含め、多様なソースから情報を収集し、整理してくれるのがPerplexityの強みです。

基本プロンプト

（人物名）について教えて

実例

Workstyle Evolutionの池田朋弘について教えて

Sources

Workstyle Evolution ～ ChatGPTの導入・活用なら
workstyle-evoluti... · 1

10/17（木）【視聴無料：早くも800人突破！】生成AIサミット
busybee.co · 2

池田 朋弘 | 一般社団法人生成AI活用普及協会(GUGA)
guga.or · 3

View 5 more

Answer

池田朋弘は、株式会社Workstyle Evolutionの代表取締役CEOです 1 4。彼の経歴と活動について以下にまとめます：

経歴

- 2013年に独立後、連続起業家として計8社を創業し、4回のM&Aを経験しています 3 4 。
- 2020年にAI活用支援・研修を行う株式会社Workstyle Evolutionを立ち上げました 4。

専門分野と活動

- 生成AI/ChatGPT研究家およびリモートコミュニケーション研究家として知られています 4。
- ChatGPTなどの生成AIのビジネス業務への導入支援、プロダクト開発、研修・ワークショップなどを数十社以上に実施しています 3 4。

著作と情報発信

- 著書に『ChatGPT最強の仕事術』があり、発売1ヶ月で2万部を突破しました 3。
- YouTubeチャンネル「リモートワーク研究所」を運営し、ChatGPTや最新AIツールの活用法を独自のビジネス視点から解説しています。チャンネル登録数は6.9万人を超えてい

＊入力した人物の情報を収集し、要約してくれます。

＊同姓同名などが考えられる場合は、「社名　人物名」のように情報を補足しましょう。

＊一般的に、検索エンジンなどで個人名を入力し、公開情報を探すこと自体は個人情報保護法で問題なしとされていますが、表示された情報の取り扱い・保存方法などは注意しましょう。

＊このプロンプトでは、どんな情報を得たいかを明確に定義していないため、得られる情報の範囲や深さが一定しません。知りたい項目が決まっている場合、発展プロンプトのように定義しましょう。

発展プロンプト

（人物名）について以下の情報を調査し、まとめてください：

・基本情報（生年月日、出身地、学歴など）
・経歴（主要な職歴や役職）
・主な業績や功績
・現在の活動や役職
・著書や講演歴（該当する場合）
・SNSアカウントや影響力（フォロワー数など）
・関連する企業や団体
・最近のニュースや話題

実例

Workstyle Evolutionの池田朋弘について以下の情報を調査し、まとめてください：

・基本情報（生年月日、出身地、学歴など）
・経歴（主要な職歴や役職）
・主な業績や功績
・現在の活動や役職
・著書や講演歴（該当する場合）
・SNSアカウントや影響力（フォロワー数など）
・関連する企業や団体
・最近のニュースや話題

Pro Search

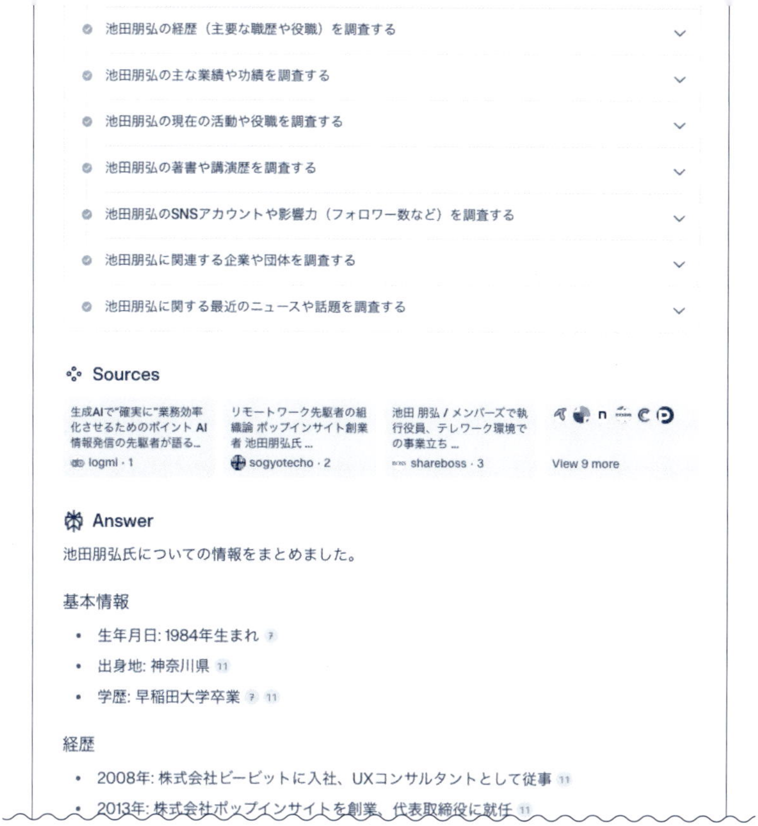

- 池田朋弘の経歴（主要な職歴や役職）を調査する
- 池田朋弘の主な業績や功績を調査する
- 池田朋弘の現在の活動や役職を調査する
- 池田朋弘の著書や講演歴を調査する
- 池田朋弘のSNSアカウントや影響力（フォロワー数など）を調査する
- 池田朋弘に関連する企業や団体を調査する
- 池田朋弘に関する最近のニュースや話題を調査する

Sources

生成AIで"確実に"業務効率化させるためのポイント AI情報発信の先駆者が語る... logmi · 1

リモートワーク先駆者の組織論 ポップインサイト創業者 池田朋弘氏 ... sogyotecho · 2

池田 朋弘 / メンバーズで執行役員、テレワーク環境での事業立ち ... shareboss · 3

View 9 more

Answer

池田朋弘氏についての情報をまとめました。

基本情報

- 生年月日: 1984年生まれ 7
- 出身地: 神奈川県 11
- 学歴: 早稲田大学卒業 7 11

経歴

- 2008年: 株式会社ビービットに入社、UXコンサルタントとして従事 11
- 2013年: 株式会社ポップインサイトを創業、代表取締役に就任 11

＊具体的な項目を指定することで、より体系的で詳細な情報を得ることができます。

＊より多角的に検索するため、プロ検索を利用することを推奨します。

応用プロンプト

（人物名）の経営哲学や企業理念について詳しく教えてください。

（人物名）が関わった主要なプロジェクトや取引についてまとめてください。

（人物名）の著書やインタビュー記事から、よく引用される発言をリストアップしてください。

（人物名）に関連する企業や団体のネットワークを図示してください。

（人物名）に関する批評や論争について、賛否両論をまとめてください。

インタビューの質問項目を作成する

インタビューの質問項目の作成は、営業パーソンやマーケターにとって重要なスキルです。しかし、対象者についての情報収集、背景調査、そして的確な質問の構築には膨大な時間がかかります。多くの場合、複数のニュース記事やSNSの投稿、過去のインタビュー記事などを丹念に読み込み、メモを取り、そこから質問を練り上げていく必要があります。この過程は非常に労力を要し、1回のインタビューのために何時間も準備に費やすことは珍しくありません。

Perplexityを使うことで、インターネット上の最新情報を横断的に検索した上で、その人物の発信内容や考えを基にした、オリジナルの質問項目を作ることが簡単にできます。私も、イベントでの対談やインタビューを行う際にこの方法を用いることで、これまで数時間かかっていた作業を数十分程度に大幅に短縮できています。

基本プロンプト

（人名）に対する、（テーマ）でのインタビュー項目を作成してください。また各項目についての（人名）がどんな回答をしそうかも整理してください。

実例

Workstyle Evolution池田朋弘に対する、「生成AIの活用」というテーマでのインタビュー項目を作成してください。また各項目についての池田朋弘がどんな回答をしそうかも整理してください。

Sources

Workstyle Evolution ～ChatGPTの導... · workstyle-evolution.co.jp
リモートワークやAI活用の変化をサポート。生成AIコンサルティングや講演、ChatGPT研修やチームプラン導入サービスを通じて、業務改善をご支援。

View 7 more

Answer

インタビュー項目と予想される回答

1. 生成AIがビジネスにもたらす最大の変革は何だとお考えですか？

池田朋弘氏の予想回答：
生成AIは業務効率化と創造性の向上を同時にもたらす点が最大の変革だと考えています。特に、ルーティンワークの自動化により、人間がより付加価値の高い業務に集中できるようになります 1。また、アイデア創出やコンテンツ作成の補助ツールとしても非常に有効で、ビジネスのイノベーションを加速させる可能性があります。

2. 企業が生成AIを効果的に導入するためのポイントは何でしょうか？

予想回答：
効果的な導入には3つのポイントがあります。まず、経営層のコミットメントと明確なビジョンの設定。次に、現場レベルでの具体的な活用シーンの特定と実験的導入。そして、社員全体のAIリテラシー向上のための教育プログラムの実施です 5。特に、ChatGPTなどのツールの基本的な使い方から、業務特化型の高度な活用法まで、段階的な学習が重要です。

3. 生成AIの活用で、どのような業務効率化が実現できますか？

予想回答：
多くの企業で、文書作成、データ分析、顧客対応などの業務で大幅な時間削減が実現しています。例えば、ある企業では約500時間の業務時間削減に成功しました 1。具体的には、レポート作成の下書き、プログラミングのコード生成、マーケティング資料の作成補助など、幅広い分野で効率化が可能です。重要なのは、AIを単なる作業代行ツールではなく、人間の創造性を引き出す補助ツールとして活用することです。

4. 生成AIの活用における課題や注意点は何でしょうか？

予想回答：
主な課題は、データセキュリティ、著作権問題、AIの出力の信頼性です。企業の機密情報をAIに入力する際は細心の注意が必要で、適切なガイドラインの策定が重要です。また、AIの出力をそのまま使用するのではなく、人間による確認と編集が不可欠です。さらに、AIに過度に依

＊このプロンプトによって、特定の人物の発信内容を調べた上で、そこからテーマに関するインタビューの質問項目と予想回答を生成してくれます。

＊より広い情報から探したい場合はプロ検索がおすすめです。

発展プロンプト

「目的」を踏まえ、（人名）に対する、インタビュー項目を20コ作成してください。
以下の表形式で出力してください。
形式
|質問内容|回答内容（想定）|根拠|
目的
・インタビューテーマ：（テーマ）
・インタビューをスムーズに行うため、ネットにある発信内容から想定回答を事前に作りたい。

実例

「目的」を踏まえ、Workstyle Evolutionの池田に対する、インタビュー項目を20コ作成してください。

以下の表形式で出力してください。

Answer

質問内容	回答内容（想定）	根拠
1. Workstyle Evolutionを設立した経緯を教えてください。	2020年にAI活用支援・研修を行う会社として設立しました。働き方の進化を支援することが目的です。	8 の経歴情報より
2. ChatGPTのビジネス活用について、どのような支援を行っていますか？	企業向けの導入支援、研修、プロダクト開発などを行っています。大手企業を含む数十社以上に支援を提供しています。	9 の会社概要情報より
3. 生成AIの活用で、企業にどのようなメリットがあると考えていますか？	業務効率の向上、人手不足の解消、新しいアイデアの創出などが期待できます。	5 の生成AIのメリット説明より

＊生成するインタビューの質問項目を多めに作ることで、取捨選択をしやすくしています。

＊表形式を指定することで、より構造化された回答が得られ、後から確認しやすくしています。表形式の項目は間に「|」（縦棒）を入れることで表現できます。

応用プロンプト

（人名）の（テーマ）に関する最新の講演内容や著書の要点をまとめてください。

（人名）が推奨する（テーマ）のリストとその特徴を教えてください。

（人名）の（テーマ）に関する独自の視点や革新的なアイデアを探してください。

（人名）が提案する、中小企業向けの（テーマ）を説明してください。

（人名）の（テーマ）に関する発言を整理し、反論を作成してください。

ビジネス用語を調べる

ビジネスの世界では、新しい専門用語や概念が次々と生まれています。皆さんは「DX」「アジャイル」「Transformer」などの用語を簡潔に説明できますか？　これらの用語を正確に理解し、適切に使用することは、ビジネスパーソンにとって必須のスキルです。しかし、1つ1つの用語について、信頼できる情報源を探し、難解な説明を理解し、さらに実際の使用例まで調べるとなると、膨大な時間と労力がかかってしまいます。

ChatGPTなどの生成AIでビジネス用語を質問すると、回答内容の難しさを調整したり、事例や具体例を聞けるなど、非常に有益です。しかし、正確な情報が得られなかったり、その用語に関連する最新の動向や実際の活用事例の情報には限界があります。

Perplexityを使うことで、専門用語に関する最新の情報を効率的に収集し、整理された形で得ることができます。さらに、回答のレベルをChatGPTのように変換してくれたり、関連検索により用語の周辺知識を広げていくこともできます。

基本プロンプト

（専門用語）とは何ですか？（はどういう意味？）

実例

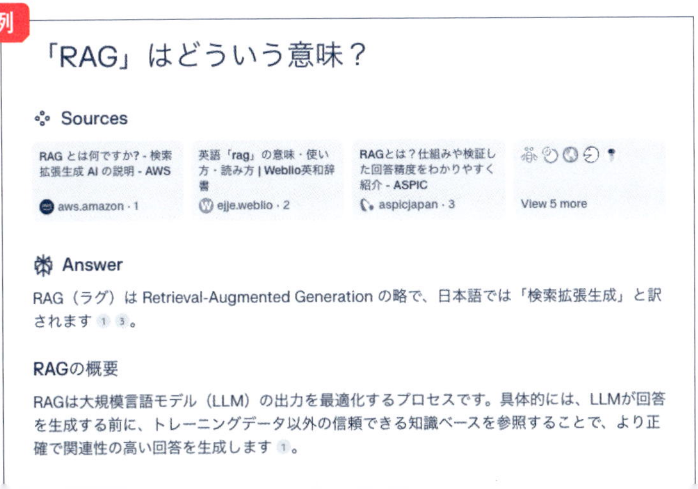

「RAG」はどういう意味？

Sources

RAG とは何ですか? - 検索拡張生成 AI の説明 - AWS
aws.amazon · 1

英語「rag」の意味・使い方・読み方 | Weblio英和辞書
ejje.weblio · 2

RAGとは？仕組みや検証した回答精度をわかりやすく紹介 - ASPIC
aspicjapan · 3

View 5 more

Answer

RAG（ラグ）は Retrieval-Augmented Generation の略で、日本語では「検索拡張生成」と訳されます 1 3。

RAGの概要

RAGは大規模言語モデル（LLM）の出力を最適化するプロセスです。具体的には、LLMが回答を生成する前に、トレーニングデータ以外の信頼できる知識ベースを参照することで、より正確で関連性の高い回答を生成します 1。

RAGの仕組み

RAGは主に以下の2つのフェーズで構成されています:

1. **検索（Retrieval）フェーズ**: ユーザーの質問に関連する情報を外部の知識ベースから検索・取得します [4]。
2. **生成（Generation）フェーズ**: 取得した外部知識をユーザーの質問と組み合わせ、LLMに入力します。LLMはこの拡張された情報を基に回答を生成します [4]。

RAGの利点

RAGの主な利点は以下の通りです:

- **独自情報の活用**: 社内文書や業務マニュアルなど、公開されていない独自の情報を回答に反映できます [3]。
- **最新情報の反映**: LLMの学習データに含まれていない最新の情報を回答に取り入れることができます [5]。
- **回答精度の向上**: 外部知識を参照することで、より正確で信頼性の高い回答が可能になります [1]。

RAGは、LLMの強力な機能を拡張し、特定の分野や組織の内部知識を活用することで、より適切な回答を生成することができる技術です [1]。

もっと簡単に説明して

Answer

もちろんです！RAG（ラグ）について簡単に説明しますね。

RAGとは？

RAGは「検索拡張生成」という意味です。これは、質問に対する答えを作るときに、外部の情報を使う方法です。

＊非常にシンプルですが、この質問でも十分に機能します。根拠（ソース）や関連質問を利用して、知識を広げていくことができます。

＊「もっと簡単に説明して」「もっと具体的に説明して」などの要望を伝えることで、表現レベルの調整も可能です。

発展プロンプト

（専門用語）について、以下の点を詳しく説明してください：
・（専門用語）の定義と基本的な仕組み
・（専門用語）のメリット
・（専門用語）のデメリット
・（専門用語）の今後の発展可能性と課題
それぞれの項目について、具体例や図表を用いて分かりやすく説明してください。

実例

RAGについて、以下の点を詳しく説明してください：

1. RAGの定義と基本的な仕組み
2. RAGのメリット
3. RAGのデメリット
4. RAGの今後の発展可能性と課題

それぞれの項目について、具体例や図表を用いて分かりやすく説明してください。

Sources

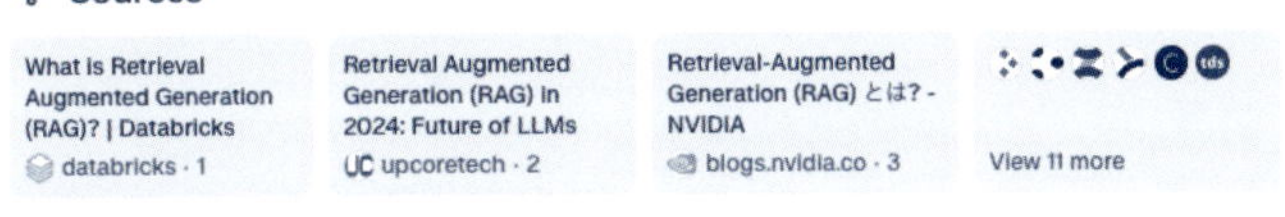

Answer

RAG(Retrieval Augmented Generation)について、ご質問の4点に沿って詳しく説明いたします。

1. RAGの定義と基本的な仕組み

RAGは、大規模言語モデル(LLM)の出力を最適化するプロセスで、回答を生成する前に外部の知識ベースを参照します [13]。

基本的な仕組みは以下の通りです:

1. ユーザーが自然言語で質問を入力
2. 「検索(Retrieval)」ステップで、目的に応じて関連情報を外部データソースから検索・抽出
3. 「生成(Generation)」ステップで、検索された情報を参照しながらLLMが回答を生成・出力

図で表すと以下のようになります:

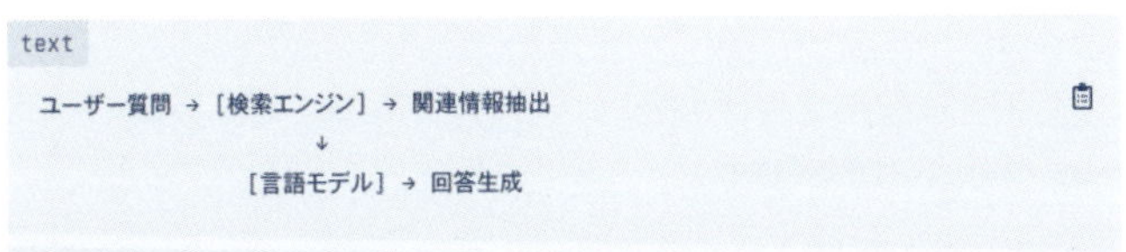

2. RAGのメリット

RAGには以下のようなメリットがあります:

1. **コスト効率の良い実装**: モデルの再学習なしで特定ドメインの知識を活用できる 13
2. **最新情報の提供**: 外部ソースから最新データを参照できる 13
3. **ユーザーの信頼性向上**: 情報源の引用が可能で、回答の根拠が明確 13
4. **開発者のコントロール強化**: 情報ソースの管理や認証レベルに応じた制御が可能 13
5. **幻覚の低減**: 外部の信頼できる情報源に基づくため、誤った情報生成を抑制 14

3. RAGのデメリット

RAGにも以下のような課題があります:

1. **データ品質への依存**: 外部データソースの質が回答の精度に直結 12
2. **統合の複雑さ**: 複数のデータソースを効果的に統合する必要がある 11
3. **スケーラビリティ**: 大規模なデータセットでの効率的な検索が課題 11
4. **コンテキスト理解の限界**: 複雑な質問や曖昧な表現への対応が困難な場合がある 11

4. RAGの今後の発展可能性と課題

RAGの今後の発展可能性として以下が挙げられます:

＊用語について調べたい観点を指定することで、求める情報をより具体的に得ることができます。

＊多角的に検索したいときはプロ検索を推奨します。

＊検索対象から「学術」「ビデオ」などを選ぶことで、範囲を絞って探すこともできます。

応用プロンプト

（専門用語1）と（専門用語2）の違いを教えてください。

（専門用語）を活用した他の主要なAIサービスについて調べてください。

（専門用語）の実装に必要な技術的要素と、それぞれの役割を説明してください。

（専門用語）が特に効果を発揮する産業や分野を5つ挙げ、その理由を説明してください。

（専門用語）の精度向上のための最新の研究動向をまとめてください。

知らない用語を効率的に調査

「何かを調べ始めてから『なるほど』に至るまでの時間が、ググっていたときの半分以下になった体感。何より調べる疲労感がなくなった」（匿名）

ツールを調べる・比較する

新しいツールを導入する際、どれが自分に最適なのかを見極めるためには、多くの情報を集めて比較する必要があります。しかし、公式サイトやレビューサイトを1つ1つ確認していくのは時間がかかる上、情報が散らばりがちです。特に、仕様や価格の比較を行う際にすべてを手作業で整理するのは大変です。

ChatGPTなどの生成AIで、特定のツールについて質問すると、情報が古かったり、詳細情報が不足することがあります。

Perplexityを使うことで、複数のツールに関する最新情報を効率的に収集し、必要な形式で比較・整理することができます。

基本プロンプト

（ツール名）の概要

実例

Perplexityの概要を教えて

Sources

Perplexity AIとは？機能概要や使い方、料金体... · ai-souken.com

Perplexity AIは、最先端の自然言語処理技術を駆使した革新的なAI搭載検索エンジンです。日本語にも対応しており、ログイン不要ですぐに利用できるのが ...

View 7 more

Answer

Perplexityは、最先端の自然言語処理技術を活用した革新的なAI搭載検索エンジンです 1 2。主な特徴は以下の通りです:

1. 対話型AI検索エンジン: ユーザーの質問に対して、AIが自然な文章で回答を生成します 2 4。
2. 最新情報の提供: インターネット上から最新の情報を収集し、回答に反映します 1 4。
3. 情報源の明記: 回答には根拠となるウェブサイトのURLが示されるため、情報の信頼性を確認できます 4 5。
4. 日本語対応: 日本語での質問・回答に対応しています 6 8。
5. アカウント不要: ログインなしで利用可能です 3 8。
6. マルチプラットフォーム: Webブラウザ、スマートフォンアプリ、Chrome拡張機能など、様々な方法で利用できます 4。
7. 高度な機能: テキスト生成、要約、画像検索など、多様なタスクをサポートします 4。

Perplexityは、OpenAIのGPTモデルとMicrosoftのBing検索エンジンを組み合わせることで、信頼性の高い情報源からの引用を提示し、ユーザーの質問に的確に回答します 1。情報収集やリサーチにおいて強力なツールとなり、効率的な調べ物や情報取得を可能にします 2 5。

＊1つのツールについての概要を教えてくれます。各回答には情報源が示されているので、必要に応じて詳細を確認できます。

＊ただし「概要」という言葉があいまいなため、得られる情報の範囲や深さにばらつきが出る可能性があります。

基本プロンプト2

（ツール名1）と（ツール名2）を比較して

実例

＊指定したツールを比較してくれます。比較の軸自体もPerplexityが考えてくれるので便利です。

＊「比較表にして」と追加すると、表形式でまとめてくれます。

＊各ツールの情報をしっかり得たい場合はプロ検索を使いましょう。

＊ただし、観点が増えると、数値やデータの間違いが出てくるケースも散見するので、あくまで「初期のドラフト」程度に利用し、必ず参照サイトを確認するようにしましょう。

発展プロンプト

（ツール名A）と（ツール名B）を以下の項目で比較してください：
・主な機能
・対応プラットフォーム
・利用シーン
・料金体系
・特徴的な強み
・改善が期待される点

実例

PerplexityとCopilotを以下の項目で比較してください：

・主な機能
・対応プラットフォーム
・利用シーン
・料金体系
・特徴的な強み
・改善が期待される点

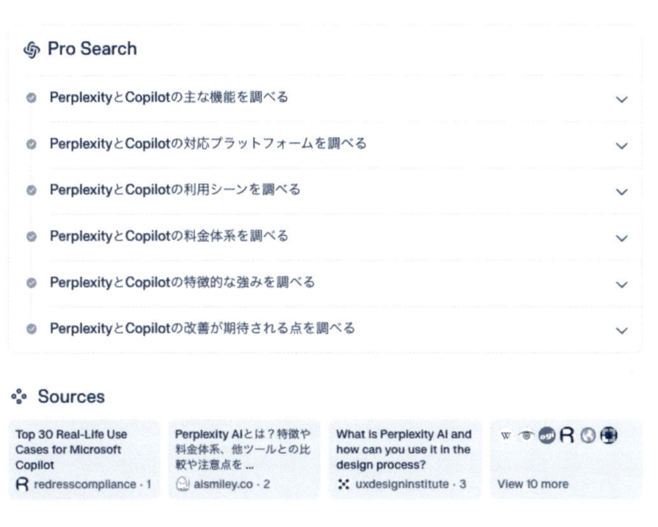

Answer

PerplexityとCopilotを比較すると、以下のようになります：

主な機能

Perplexity:

- AIを活用した検索エンジン

- 自然言語での質問応答
- ウェブ上の情報を要約して提供
- ソースの引用機能

Copilot:

- コード補完と自動プログラミング
- 自然言語からのコード生成
- コメント生成やバグ修正の提案
- コードに関する質問応答(Copilot Chat)

対応プラットフォーム

Perplexity:

- ウェブブラウザ
- iOS/Androidアプリ

Copilot:

- Visual Studio Code
- Visual Studio
- Neovim
- JetBrains IDEs
- GitHub.com

利用シーン

Perplexity:

- 一般的な情報検索

＊比較項目を明確に指定することで、より構造化された情報を得ることができます。

＊情報がない項目については「情報なし」と表示されるため、どの部分の情報が不足しているかもわかります。

応用プロンプト

（ツール名）の最新のアップデート内容を教えて

（ツール名）を使った具体的な業務効率化の事例を3つ挙げて

（ツール名）と似た機能を持つ競合ツールを5つリストアップして

（ツール名）の無料版と有料版の違いを表形式でまとめて

以下のツールを（観点の内容）で比較して

ー（ツール1）

ー（ツール2）

ー（ツール3）

提案書のドラフト作成

顧客に合わせた提案書を作成する際、様々な情報を収集し、整理して、最適な内容を練り上げる作業は意外と時間がかかるものです。特に、相手企業の最新情報や業界のトレンドを効率よく収集するのは簡単ではありません。

ChatGPTなどの生成AIで顧客への提案内容を作成しようとすると、顧客側の情報が不足していることも多く、事前に調べてプロンプトに追加する必要があります。

Perplexityを活用すれば、最新のオンライン情報で顧客について調べて、提案内容まで検討してくれます。効率的かつ効果的なビジネス提案書の作成が可能になります。

基本プロンプト

（会社名）に対して（サービス内容）を提案したい。提案内容を考えて

実例

株式会社メンバーズに対して生成AI研修を提案したい。提案内容を考えて

Answer

株式会社メンバーズに対する生成AI研修の提案内容を以下のように構成します:

研修目的

- 生成AIの基礎知識と最新動向の理解
- メンバーズの業務における生成AI活用方法の習得
- 生成AIを活用した業務プロセス改善の実践

研修プログラム

1. 生成AI基礎講座
   - 生成AIの仕組みと種類
   - 主要な生成AIツールの特徴と使い方
   - 生成AIの最新トレンドと将来展望
2. メンバーズ業務への生成AI活用
   - Webサイト制作・運用における生成AI活用事例
   - デジタルマーケティングでの生成AI活用方法

＊会社概要を検索した上で、サービス内容の提案イメージを考えてくれます。

＊しかし、提案内容やサービス内容が大雑把なため、生成される内容は汎用的で、焦点が定まっていない可能性もあります。提案の質を高めるには、発展プロンプトのような具体的な指示が必要です。

発展プロンプト

（会社名）に対して以下「サービス内容」を提案したい。以下の要素を含めた提案内容を考えてください。

提案書の構成

・顧客の課題・状況

・提案するサービスの概要

・期待される効果・提供価値

・実施スケジュール

サービス内容

（サービスの詳細）

株式会社メンバーズに対して以下「サービス内容」を提案したい。以下の要素を含めた提案内容を考えてください。

提案書の構成
1. 顧客の課題・状況
2. 提案するサービスの概要
3. 期待される効果・提供価値
4. 実施スケジュール

サービス内容
・実践的な研修: 研修は具体的なビジネスケースに基づいており、業務効率を30%削減する成功事例が報告されています。参加者は実際にChatGPTを使用し、業務への適用方法を学ぶことができます。

※Perplexityの仕様でプロンプトの文字が小さく表示されることもあります

Answer

顧客の課題・状況

株式会社メンバーズは、デジタルマーケティングやCSV支援を通じて企業の変革をリードする企業です [1] [3]。同社は2,000名以上のデジタルクリエイターを抱え、多様な先進デジタルスキルを持つ人材の育成に注力しています [1]。しかし、急速に進化するAI技術、特にChatGPTのようなツールの活用については、さらなる対応が必要と考えられます。

提案するサービスの概要

ChatGPT活用による業務効率化研修プログラムを提案します。本プログラムは以下の特徴を持ちます：

1. **実践的な研修**: 具体的なビジネスケースに基づいた研修を実施し、参加者がChatGPTを実際に使用しながら業務への適用方法を学びます。

2. **経験豊富な講師**: UXコンサルタントや上場企業の執行役員経験を持つ池田氏が講師を務め、豊富な経験を活かしたケーススタディを提供します。
3. **継続的な学習支援**: 研修後も200本以上の独自コンテンツやYouTubeチャンネルを通じて最新情報を学べる環境を提供します。
4. **多様な業界知識**: 中小企業から大手企業まで、様々な業界での実績を活かした内容を提供します。

期待される効果・提供価値

1. **業務効率の向上**: 研修を通じて業務効率を30%削減する成功事例が報告されており、同様の効果が期待できます 1。
2. **デジタルスキルの強化**: メンバーズの2,000名以上のデジタルクリエイターのスキルをさらに向上させ、顧客企業へのサービス品質を高めることができます 1。
3. **イノベーション促進**: AI技術の活用により、より創造的で付加価値の高い業務に注力できるようになります

＊構成を明確に指示することで、体系的な提案内容を生成してくれます。

＊サービス内容を詳細に定義することで、より具体的な提案を作成してくれます。

＊Perplexityだけで「情報収集→提案作成」まで完結できます。しかしPerplexityは「検索・整理」が得意であり、「提案検討」はChatGPTやClaudeの方が、より妥当な回答を出しやすい印象があります。「顧客の状況・課題」までをPerplexityで行い、「提案作成」はChatGPTなどで検討するという併用も有効です。

応用プロンプト

(会社名) の業界における最新のトレンドと課題を分析し、それに基づいた (サービス内容) の提案を作成してください。

(会社名) の過去の決算情報と事業計画を参考に、(サービス内容) 導入による具体的な数値目標を設定した提案を作成してください。

(会社名) のターゲット顧客層を分析し、(サービス内容) によってどのように顧客満足度を向上させるか、具体的な施策を含めた提案を作成してください。

(会社名) の競合他社の動向を調査し、(サービス内容) によって差別化を図る戦略提案を作成してください。

(会社名) の現在の業務プロセスを分析し、(サービス内容) 導入によって得られる効率化と成果向上の具体的シナリオを含む提案を作成してください。

概算見積の作成

見積もり作成に時間がかかってしまうことは、ビジネスシーンでよくある悩みではないでしょうか。市場相場を調べ、各種データを手動で集めるのは手間がかかり、その上、タイムリーな情報を見つけるのも難しいことがあります。

ChatGPTなどの生成AIを使用すると、最新の市場相場が反映されていなかったり、具体的な数字を示せないことがあります。

Perplexityを活用すれば、最新のオンライン情報を検索し、相場などを確認した上で、概算を算出することができます。

基本プロンプト

（製品・サービス名）の見積もり

実例

Youtubeショートの動画編集10本分の見積もり

Sources

動画制作の相場・料金を徹底解説！費用を抑えるコツも紹介【2024 ...
douga-kanji · 1

YouTube動画制作・編集の料金相場を解説！費用を抑えるコツも ...
imitsu · 2

【2024年版】動画制作の費用相場はいくら？費用を抑える8つの方法 ...
biz.ne · 3

View 5 more

Answer

YouTubeショートの動画編集10本分の見積もりについて、以下のように概算をお伝えします。

費用の目安

YouTubeショート動画の編集費用は、1本あたり3,000円～30,000円程度が一般的な相場です 1 2。10本分の見積もりとしては、以下のような範囲が考えられます:

- 最低価格帯: 30,000円～50,000円
- 中価格帯: 50,000円～150,000円
- 高価格帯: 150,000円～300,000円

価格に影響する要因

実際の費用は以下の要因によって変動します:

- 編集の複雑さ
- 使用するエフェクトやグラフィックの量
- 音楽や効果音の挿入
- テロップやアニメーションの有無
- 納期の緊急度

＊相場などがインターネット上に存在する場合は、この程度の入力でも概算を確認できます。ソースを確かめることで、相場感などを同時に押さえることもできます。

発展プロンプト

以下の内容の見積もりを作成してください。それぞれの項目について、具体的な数字や例を含めて詳しく説明してください。

実例

以下の内容の見積もり作成してください。それぞれの項目について、具体的な数字や例を含めて詳しく説明してください。

・YouTube動画の動画編集（1本30分程度）
・ショート用の切り抜き動画を2つ作成
・YouTube用のサムネイル画像も作成

- 1本あたり15秒〜1分程度のショート動画を2本作成 2。
- 元の30分動画から最も魅力的な部分を抽出。
- テロップやエフェクトを追加し、縦型フォーマットに最適化。
- 各動画につき1回の修正対応込み。

3. YouTube用のサムネイル画像も作成
   金額: 3,000円

   詳細:

   - 1280×720ピクセルのJPEG形式で納品 3。
   - 動画の内容を反映した eye-catching なデザイン。
   - タイトルテキストの挿入、画像の加工・合成作業含む。
   - 2回までの修正対応込み。

合計金額: 63,000円

注意事項:

＊条件が複雑な場合、段階的に検索できるプロ検索を使いましょう。

＊「具体的な数字や例を含めて」と指示することで、より実用的な情報を得られる可能性が高まります。

応用プロンプト

（製品・サービス名）の見積もり作成時に考慮すべき要素と、一般的な価格帯を教えてください。

（製品・サービス名）の見積もり作成において、必須項目のリストと各項目の平均的な費用を提示してください。

（製品・サービス名）の見積もり作成時に使用できる、業界標準の計算式や数式を教えてください。

（製品・サービス名）の見積もりにおける、固定費と変動費の一般的な内訳と割合を教えてください。

（製品・サービス名）の見積もり作成時に考慮すべき、法的要件や規制について説明してください。

未経験の見積もり作業を効率化

「『掘削5立米の費用を教えて』『アスファルト舗装10平米の費用を教えて』など、工事内容と数量を伝えるだけで根拠のある数字を出してくれるので、概算見積ができてしまう」（匿名）

製品開発の競合調査する

新製品の開発においても、競合分析は欠かせませんが、時間と手間がかかる作業です。 検索エンジンを使って情報を集めても、膨大なデータの中から必要な情報を探し出し整理するのは一苦労です。

ChatGPTを使う方法もありますが、最新の市場動向や新たな競合の動きが十分に反映されないことが多く、分析の精度に不安が残ります。

Perplexityを活用することで、これらの課題を効果的に解決し、効率的かつ包括的な競合調査を行うことができます。Perplexityは最新の情報源から幅広く検索し、求める形式で情報を整理してくれるため、製品開発のための競合分析に非常に適しています。

基本プロンプト

（製品カテゴリー・サービスカテゴリー）をリストアップして

実例

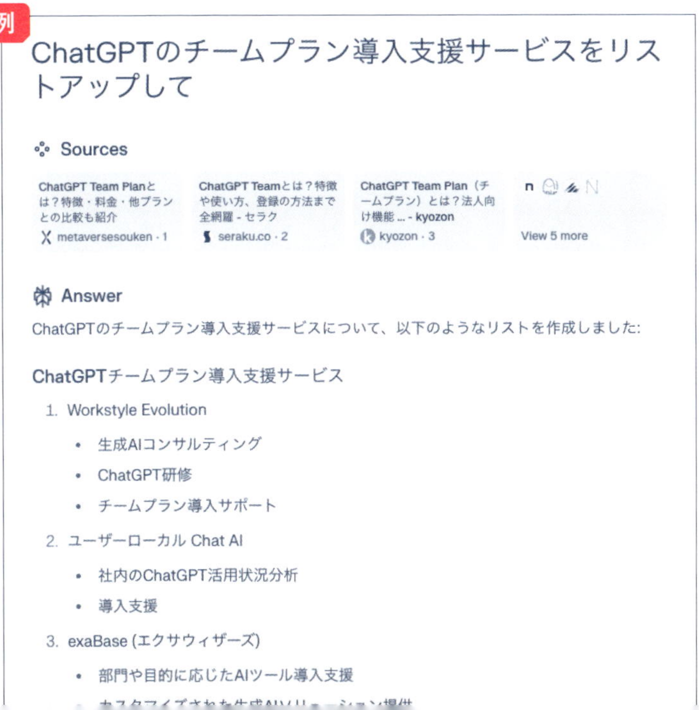

ChatGPTのチームプラン導入支援サービスをリストアップして

Sources

ChatGPT Team Planとは？特徴・料金・他プランとの比較も紹介
metaversesouken · 1

ChatGPT Teamとは？特徴や使い方、登録の方法まで全網羅 - セラク
seraku.co · 2

ChatGPT Team Plan（チームプラン）とは？法人向け機能 ... - kyozon
kyozon · 3

View 5 more

Answer

ChatGPTのチームプラン導入支援サービスについて、以下のようなリストを作成しました:

ChatGPTチームプラン導入支援サービス

1. Workstyle Evolution
    - 生成AIコンサルティング
    - ChatGPT研修
    - チームプラン導入サポート
2. ユーザーローカル Chat AI
    - 社内のChatGPT活用状況分析
    - 導入支援
3. exaBase (エクサウィザーズ)
    - 部門や目的に応じたAIツール導入支援

＊Perplexityは関連する製品・サービス情報を収集し、整理して提供してくれます。

＊通常の検索でもリストアップ可能ですが、より広範囲に検索する際はプロ検索を使いましょう。

基本プロンプト2

（製品カテゴリー・サービスカテゴリ）にはどんなサービスがある？

実例

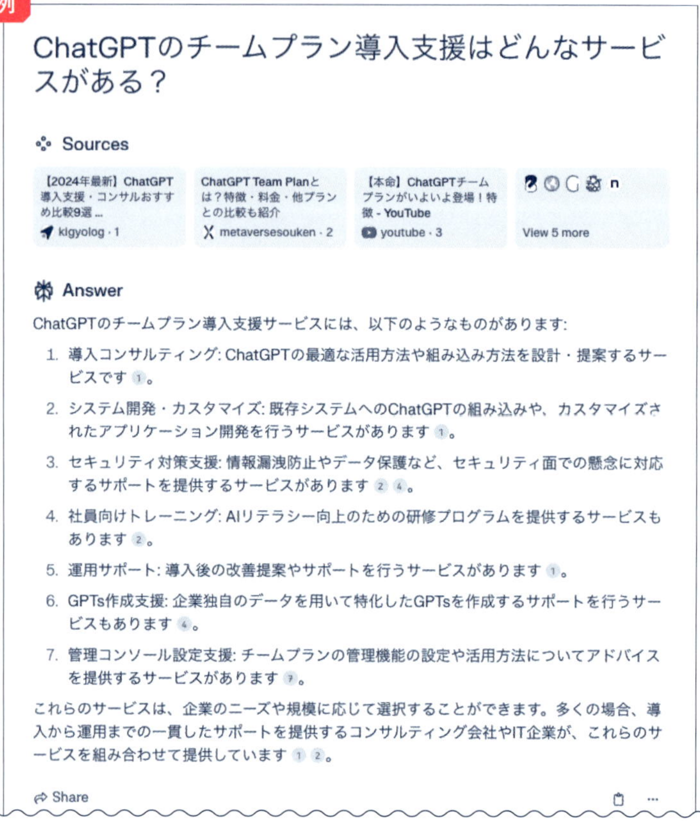

ChatGPTのチームプラン導入支援はどんなサービスがある？

Sources

【2024年最新】ChatGPT導入支援・コンサルおすすめ比較9選 ... kigyolog · 1

ChatGPT Team Planとは？特徴・料金・他プランとの比較も紹介 metaversesouken · 2

【本命】ChatGPTチームプランがいよいよ登場！特徴 - YouTube youtube · 3

View 5 more

Answer

ChatGPTのチームプラン導入支援サービスには、以下のようなものがあります:

1. 導入コンサルティング: ChatGPTの最適な活用方法や組み込み方法を設計・提案するサービスです 1。
2. システム開発・カスタマイズ: 既存システムへのChatGPTの組み込みや、カスタマイズされたアプリケーション開発を行うサービスがあります 1。
3. セキュリティ対策支援: 情報漏洩防止やデータ保護など、セキュリティ面での懸念に対応するサポートを提供するサービスがあります 2 4。
4. 社員向けトレーニング: AIリテラシー向上のための研修プログラムを提供するサービスもあります 2。
5. 運用サポート: 導入後の改善提案やサポートを行うサービスがあります 1。
6. GPTs作成支援: 企業独自のデータを用いて特化したGPTsを作成するサポートを行うサービスもあります 4。
7. 管理コンソール設定支援: チームプランの管理機能の設定や活用方法についてアドバイスを提供するサービスがあります 7。

これらのサービスは、企業のニーズや規模に応じて選択することができます。多くの場合、導入から運用までの一貫したサポートを提供するコンサルティング会社やIT企業が、これらのサービスを組み合わせて提供しています 1 2。

Share

＊具体的なサービス・会社ではなく、「どんなサービスがあるか」を調べることにも有効です。

発展プロンプト

（製品カテゴリー）の競合分析を行うため、以下の情報を調査し、表形式でまとめてください。

・主要な競合製品（上位5製品）
・各製品の特徴と強み
・ターゲット顧客層
・価格戦略
・マーケティング手法
・最新の技術トレンドとの適合性
・ユーザーレビューの傾向
・市場シェア（データがある場合）

各項目について、できるだけ具体的な情報と数値を含めてください。

実例

日本国内の企業向け生成AIサービスの競合分析を行うため、以下の情報を調査し、表形式でまとめてください。

・主要な競合製品（上位5製品）
・各製品の特徴と強み
・ターゲット顧客層
・価格戦略
・マーケティング手法
・最新の技術トレンドとの適合性
・ユーザーレビューの傾向
・市場シェア（データがある場合）

各項目について、できるだけ具体的な情報と数値を含めてください。

Answer

日本国内の企業向け生成AIサービスの競合分析を行った結果、以下の表にまとめました。

製品名	特徴と強み	ターゲット顧客層	価格戦略	マーケティング手法	技術トレンドとの適合性	ユ
ChatGPT Enterprise	・高度な自然言語処理能力 ・豊富な事前学習データ ・カスタ	大企業、テクノロジー企業	従量課金制 月額$20/ユーザーから	・デモンストレーション ・パートナー企業との連携	最新の大規模言語モデルを採用	・ ・ の

	マイズ性の高さ					
Microsoft 365 Copilot	・Office製品との高い統合性 ・業務効率化に特化	中小企業から大企業まで幅広く	Microsoft 365と統合 月額$30/ユーザー	・既存顧客へのクロスセル ・デモンストレーション	GPT-4を採用し最新技術に対応	・ ・ あ
Google Workspace AI	・Googleの豊富なデータ活用 ・クラウドサービスとの連	中小企業、スタートアップ	Workspace契約に含む追加料金なし	・無料トライアル ・オンラインセミナー	最新の自然言語処理技術を採用	・ を ・ あ

＊比較の観点を指定することで、より詳細で多角的な競合分析が可能になります。

＊このように複雑な条件を指定する際はプロ検索を利用しましょう。

応用プロンプト

（製品カテゴリー）における最新の技術革新と、それを採用している企業をリストアップしてください。

（製品カテゴリー）の主要プレイヤーの過去5年間の売上推移を比較分析してください。

（製品カテゴリー）における顧客満足度が高い製品の共通点を分析してください。

（製品カテゴリー）市場における新規参入企業の特徴と、彼らが採用している差別化戦略を調査してください。

（製品カテゴリー）市場における地域別の需要傾向と、各地域でのトッププレイヤーを調査してください。

製品開発に関する調査、考察の支援

「新製品で実現したいことをプロンプトに入力し、競合調査や関連する業界の動向を収集してもらっている。観点の洗い出しや整理が効率化されて、利用前に比べて大幅に時間短縮できるようになった」（匿名）

ビジネスフレームワークを使う

ビジネスの現場で戦略を立てる際、フレームワークを使うと物ごとが整理されて非常に便利です。しかし、実際にフレームワークに情報を当てはめていくには多くの調査と分析が必要で、これを手動で行うのは非常に大変な作業です。

ChatGPTなどの生成AIは、様々なビジネスフレームワークを理解していて、活用すると非常に便利ですが、最新情報が反映されていないため、プロンプトに自分で入力する必要があります。

Perplexityを使うことで、ネット上の業界情報を横断的に検索し、かつフレームワークにそって自分がほしい形式にまとめることが簡単にできます。

基本プロンプト

（業界）を（フレームワーク）で分析して

実例

生成AIの導入支援業界をPEST分析して

Answer

生成AIの導入支援業界に関するPEST分析を以下に示します。

Political (政治的要因)

- 政府は生成AIの導入を推進しており、2024年夏以降に新たな法規制の導入を検討している 2。
- AIガバナンスの確立が必要とされており、企業内のガバナンスだけでなく社会全体のガバナンスに関する議論が世界的に活発化している 6。
- 各国で生成AIに関する法規制の導入や議論が進んでおり、日本も国際的な動向を注視している 2。

Economic (経済的要因)

- 生成AI導入コンサルティングサービス市場は急速に拡大しており、2023年度の58億円から2024年度には126億円(前年比218.2%)に成長すると予測されている 8。
- 生成AIは世界経済に数兆ドルの価値をもたらす可能性があるとマッキンゼーは分析している 5。
- 企業のAI活用への注目が高まっており、業務効率向上や新たなビジネスチャンス創出のためにAI技術導入の動きが広がっている 9。

Social (社会的要因)

- 生成AIによる雇用への影響が懸念されており、多くの労働者のタスクに影響を与える可

＊分析するフレームワークを指定するだけで、Perplexityが様々な情報を集め、フレームワークにそって整理してくれます。右ページの表を参考にフレームワークを入れ替えて色々試してみましょう。
＊多角的な情報を集めるためにはプロ検索がおすすめです。

発展プロンプト

生成AIの導入支援業界をPEST分析してください。分析の上で、以下の仮説を検証してください。

生成AIの導入支援業界をPEST分析してください。
分析の上で、以下の仮説を検証してください。

#仮説
Political: 政府のAI戦略が業界に大きな影響を与えている
Economic: 経済不況にもかかわらず、AI導入への投資は増加傾向にある
Social: 従業員のAIリテラシー向上が課題となっている
Technological: 大規模言語モデルの進化が業界を急速に変化させている

Answer

PEST分析を用いて生成AI導入支援業界を分析し、提示された仮説を検証します。

Political (政治的要因)

政府のAI戦略が業界に大きな影響を与えているという仮説は支持されます。

- 多くの国がAI戦略を策定し、AI技術の開発と導入を推進している 1。
- 政府主導のAI投資や規制が、企業のAI導入の意思決定に影響を与えている 4。
- AI技術の倫理的使用やデータプライバシーに関する規制が、導入支援業界の方向性を左右している 4。

Economic (経済的要因)

経済不況にもかかわらず、AI導入への投資は増加傾向にあるという仮説は部分的に支持されます。

- Goldman Sachsの予測によると、AI関連投資は2025年までに世界で約2000億ドルに達する見込みである 5。
- 一方で、経済の不確実性により一部の企業がAIプロジェクトを延期または凍結している事例も報告されている 7。
- 多くの企業が効率化とコスト削減のためにAIを活用しようとしており、不況下でもAI投資を継続する傾向がある 8。

Social (社会的要因)

＊プロンプトに「仮説」を加えることで、AIに分析を任せるだけでなく、自分自身の案の妥当性を検証することができます。
＊このような複雑な要望はできるだけプロ検索を使いましょう。

よく利用されるビジネスフレームワークの例

分析分野	フレームワーク	説明
市場の分析	PEST分析	政治・経済・社会・技術の4要素で外部環境を分析する手法
	5フォース分析	業界の競争状況を5つの要因から分析するフレームワーク
企業の分析	3C分析	顧客・競合・自社の3要素から経営環境を分析する手法
	SWOT	分析強み・弱み・機会・脅威の4要素で企業の現状を分析する手法
	VRIO分析	経営資源の価値・希少性・模倣困難性・組織を分析する手法
事業・ビジネスモデルの分析	ビジネスモデルキャンバス	9つの要素でビジネスモデルを可視化するツール
	4P分析	製品・価格・流通・プロモーションの4要素でマーケティングミックスを分析
顧客の分析	RFM分析	最新購買日・購買頻度・購買金額で顧客を分類する手法
	カスタマージャーニーマップ	顧客の行動や感情を時系列で可視化するツール
	ペルソナ分析	架空の顧客像を設定し、ターゲット顧客を具体化する手法
マーケティングの分析	AIDMA	注意・関心・欲求・記憶・行動の5段階で購買プロセスを分析
	AISAS	注意・関心・検索・行動・共有の5段階で購買プロセスを分析

＊ちなみに上記のような表を作成する際にもPerplexityが有効です。ここでは次ページのようなプロンプトで表を作ってもらいました。

発展プロンプト

以下の各フレームワークについて、1〜2行で説明を追加し、表で出力して

市場の分析	- PEST分析 - 5フォース分析
企業の分析	- 3C分析 - SWOT分析 - VRIO分析
事業・ビジネスモデルの分析	- ビジネスモデルキャンバス - 9セルフレームワーク - 4P分析
顧客の分析	- RFM分析 -カスタマージャーニーマップ - ペルソナ分析
製品の分析	- PPM（プロダクト・ポートフォリオ・マネジメント） - ブルーオーシャン戦略
マーケティングの分析	- AIDMA - AISAS

＊このプロンプトにより前ページの表が生成されました。

法律や規制を調査する

法律や規制を調べる必要があるとき、皆さんも「どこまで正確な情報なのか？」と不安に感じたことはありませんか。法改正が頻繁に行われる中で、正しい情報を見つけるのは大変です。しかも、複数のサイトから断片的な情報を集めるだけでは不十分なことも多く、時間と労力がかかります。

Perplexityを活用することで、法律や規制に関する最新情報を効率的に収集し、整理することができます。さらに、専門家の意見や具体的な事例も含めた包括的な情報を得ることが可能です。

基本プロンプト

（トピック）について、法律的に注意すべき点は？

実例

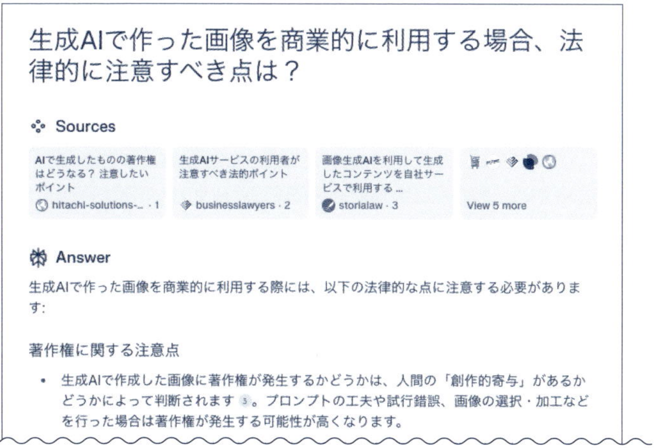

生成AIで作った画像を商業的に利用する場合、法律的に注意すべき点は？

Sources

AIで生成したものの著作権はどうなる？ 注意したいポイント
hitachi-solutions-... · 1

生成AIサービスの利用者が注意すべき法的ポイント
businesslawyers · 2

画像生成AIを利用して生成したコンテンツを自社サービスで利用する ...
storialaw · 3

View 5 more

Answer

生成AIで作った画像を商業的に利用する際には、以下の法律的な点に注意する必要があります:

著作権に関する注意点

- 生成AIで作成した画像に著作権が発生するかどうかは、人間の「創作的寄与」があるかどうかによって判断されます 3。プロンプトの工夫や試行錯誤、画像の選択・加工などを行った場合は著作権が発生する可能性が高くなります。

＊指定したトピックについて、関連する法律や規制を確認してくれます。
＊各回答には情報源が示されているので、必要に応じて詳細を確認できます。これは法律関連の情報を扱う際に特に重要です。
＊あくまでも参考に留めて、気になる点は専門家に確認しましょう。

基本プロンプト2

（法律的な見解・仮説）について、法律的に問題ない？

実例

生成AIで作った画像を商業的利用しても、法律的に問題はない？

Sources

AIで生成したものの著作権はどうなる？ 注意したいポイント
hitachi-solutions-... · 1

AI画像生成の法的リスク（後編）：著作権侵害を回避するために
chowagiken.co · 2

[PDF] AIと著作権 - 文化庁
bunka.go · 3

View 5 more

Answer

生成AIで作った画像を商業的に利用する際には、法律的に注意すべき点がいくつかあります。

著作権の観点

生成AIで作られた画像は、基本的には著作物とはみなされません 1 5。これは、AIが「思想又は感情を創作的に表現したもの」とは考えられないためです。しかし、人間の創作意図や創作的寄与が認められる場合は、著作物として扱われる可能性があります 2。

著作権侵害のリスク

生成AIが既存の著作物を学習していることから、出力された画像が既存の著作物と類似している可能性があります 1 2。このような場合、著作権侵害とみなされるリスクがあります。

＊具体的な見解・仮説について、検索情報からの見解を検証してくれます。
＊前ページと同様に、あくまでも参考とし、気になる点は専門家に確認しましょう。

応用プロンプト

（法律）の最新の改正点と企業への影響について教えてください。

（法律）の国際比較（EU、米国、日本）を表形式でまとめてください。

（法律）の概要と、最近の規制緩和の動きについて説明してください。

（法律）における（トピック）の解釈と具体的な適用例を説明してください。

（法律）で企業が遵守するためのチェックリストを作成してください。

判例を調べる

法律の勉強や業務で判例を調べる必要があるとき、複数のデータベースを行き来しながら情報を集めるのは大変です。特に、法律用語や判例の解釈に不慣れな場合、その情報を正確に理解するには多くの時間を要します。

Perplexityを使うことで、最新の判例情報を効率的に収集し、わかりやすく整理された形で参照することができます。さらに、複数のソースから情報を統合し、より包括的な視点を得ることができます。

基本プロンプト

（テーマ）の裁判例を教えて

実例

画像生成AIをつかって訴訟された裁判例を教えて

Sources

誤情報の生成や機密情報の漏えいなどから見えるAIの問題点
sambushi · 1

ChatGPTの著作権問題を分かりやすく解説！訴訟事例や商用 ... - WEEL
weel.co · 2

【中国】【著作権】AIが生成した画像の著作物性と著作権侵害が ...
tmi.gr · 3

X
View 5 more

Answer

画像生成AIに関連する訴訟事例がいくつか報告されています。主な事例を紹介します。

主要な訴訟事例

米国での集団訴訟

2023年、Stability AI、Midjourney、DeviantArtの3社が集団訴訟の対象となりました 1 2。原告側は、これらの企業が開発した画像生成AIが、著作権で保護された数十億の画像を無断でダウンロードし、学習データとして使用したと主張しています。訴訟では、直接的な著作権侵害、偽造に関連する間接的な著作権侵害、デジタルミレニアム著作権法違反、パブリシティー権の侵害が問われています 5。

中国での判決

2023年11月27日、中国の北京インターネット裁判所において、AIが生成した画像について著作物性を認め、AI利用者を著作者として著作権侵害を認めた判決が出されました 3。この判決は、AI生成物の著作物性と、どのような「創作的寄与」があれば著作物として認められるかについて判断した重要な事例となっています。

中国でのアーティスト4名による訴訟

中国人アーティスト4名が中国のSNS「小紅書」に対し、自分たちの作品を無断でAIに学習させたことは著作権侵害だとして提訴しました 5。これは中国初の生成AIの学習データの著作権に関する訴訟とされています。

＊特定のテーマに関する判例を得ることができます。
＊各回答には情報源が示されているので、必要に応じて詳細を確認できます。
＊あくまでインターネット検索で確認できる範囲であるため「初期リサーチ」として利用しましょう。

応用プロンプト

（法律）に関する最新の判例を5つ挙げてください。

（法律）に関する国際的な判例を5つ挙げてください。

（業界）における裁判例を挙げてください。

（テーマ）の各国の主要判例を比較してください。

（問題）に関連する判例の傾向を分析してください。

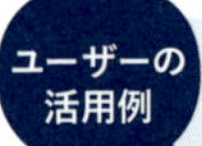

裁判例の初期リサーチ

「『SES契約が偽装請負と認定された裁判例を教えて』などと検索し、まず主な裁判例を確認してから、得られた情報を基に判例検索システムなどで、詳しくリサーチを行った。検索ワードが思いつかないようなニッチな内容でも、適切なキーワードを得られ、その後の詳細なリサーチがスムーズになった」

（弁護士　加茂翔太郎）

書式フォーマットを探す

ビジネスの現場で、適切な書式やテンプレートを探すのに苦心した経験はありませんか？　企画書、報告書、契約書、申請書……。業務に必要な文書は多岐にわたり、それぞれに最適なフォーマットが存在します。しかし、それらを1つ1つ探し出し、自社の要件に合わせてカスタマイズするのは、想像以上に時間と労力を要する作業なのです。

Perplexityを使うことで、各フォーマットのコツやポイントを確認しつつ、具体的なテンプレート配布サイトも同時に探すことができます。

基本プロンプト

（書式）のフォーマットを教えて。テンプレートもほしい

実例

請求書のフォーマットを教えて。テンプレートもほしい

Sources

登録不要・無料で使える請求書エクセルテンプレート(サンプル)
template · 1

請求書の書き方・テンプレート・インボイス用の例を紹介！
biz.moneyforward · 2

請求書の書き方、作り方を徹底解説 - 弥生会計
yayoi-kk.co · 3

View 5 more

Answer

請求書の基本的なフォーマットには以下の要素が含まれます:

1. タイトル (「請求書」)
2. 請求書番号
3. 発行日
4. 支払期限
5. 請求元の情報 (会社名、住所、連絡先など)
6. 請求先の情報 (会社名、担当者名、住所など)
7. 商品/サービスの明細 (品目、数量、単価、金額)
8. 小計
9. 消費税
10. 合計金額
11. 支払い方法や振込先の情報
12. 備考欄

インボイス制度対応の請求書には、以下の項目も必要です:

- 適格請求書発行事業者の登録番号
- 税率ごとに区分した消費税額

- 軽減税率対象品目の明示

無料でダウンロードできる請求書テンプレートがいくつかあります:

1. マネーフォワード クラウド請求書:
   エクセル形式で多様なデザインのテンプレートを提供しています [2] [7]。
2. MISOCA (ミソカ):
   オンラインで簡単に請求書を作成できるサービスで、毎月5枚まで無料で利用可能です [7]。
3. みんなのExcelテンプレート:
   様々なエクセル形式のテンプレートを提供しています [6]。
4. ロボットペイメント:
   登録不要で無料のエクセルテンプレートを多数用意しています [8]。

これらのテンプレートを使用することで、簡単に専門的な外観の請求書を作成できます。ただ

＊フォーマットのポイントを教えてくれます。より詳細に知りたい点や疑問点があれば、質問をすることで理解を深められます。

＊テンプレート配布サイトも同時に探してもらうことで、その後の作業をスムーズにできます。

応用プロンプト

（書式）の一般的な記入例を教えて

（書式）における留意点やリスクを教えて

（書式）に関連する法律・規制を教えて

（書式）の通し番号の付け方のベストプラクティスを教えて

（書式）の作成ミスやトラブルを防ぐためのチェックリストを作成して

作ったことがない書類も簡単に作成

「海外翻訳の代理店から総務課に『受益所有者声明書』が必要だと連絡があり、ちょうど居合わせた私にそれが何かわかるか聞かれました。初耳でしたが、Perplexityで調べたところ、すぐに内容を理解でき、書類のフォーマットまで作成してあげることができました。ものによっては専門家に聞く必要もあるでしょうが、先方にフォーマットを確認したところ『問題なし』との返答をもらい、総務のスタッフも驚いていました」（匿名）

4

コンテンツ制作での活用

本章では、コンテンツ制作シーンにおけるPerplexityの活用方法を紹介します。文章構成の設計から、SEO対策、ファクトチェック、企画立案まで、コンテンツ制作のあらゆる場面で力を発揮します。企画のブラッシュアップから、ユーザーニーズの分析、ペルソナの作成など、実務で即活用できる技法を解説していきます。Perplexityを活用することで、平凡なコンテンツを、数段レベルの高いコンテンツに進化させることができます。

文章構成を作る

ChatGPTなどの生成AIは文章構成を練るのに非常に便利ですが、テーマに関する最新情報や多様な視点が不足していることがあります。また、生成AIの学習した知識が古い場合、適切な内容を提案してもらえないこともあります。

Googleなどの検索エンジンを使えば、テーマに関する様々な情報を見つけることはできますが、それらの情報を整理して文章構成に落とし込むには、多くの時間と労力が必要です。

Perplexityを使うことで、テーマに関する最新の情報を収集・整理しつつ、それらを文章構成に取り入れて提案してくれます。また、それぞれの内容の根拠をすぐに確認することができます。さらにPerplexityは日本語圏以外の情報も集めた上で日本語にしてくれます。これにより、効率的かつ効果的な文章構成の作成が可能になります。

実際に本書でも、この方法を使うことで、Perplexityの様々な背景や知見について、国内外の最新情報を踏まえた執筆を非常に効率的に進めることができました。もちろんAIに丸投げではまったくなく、すべての内容の根拠を自分の目で確認し、必要と判断した情報だけを入れています。

基本プロンプト

「(テーマ)」という文章の目次を作成してください。各目次にソースをつけてください。

実例

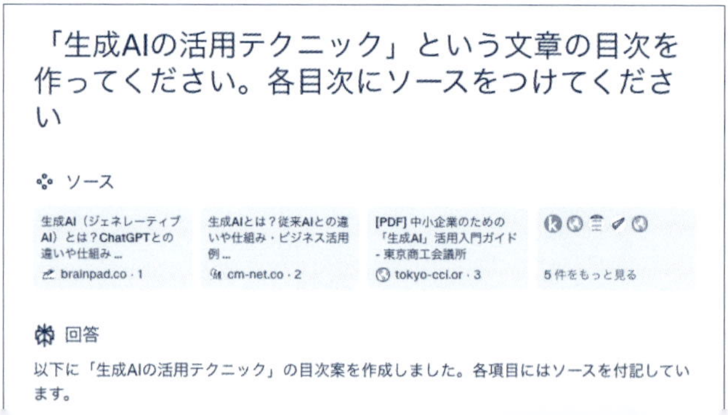

「生成AIの活用テクニック」という文章の目次を作ってください。各目次にソースをつけてください

ソース

生成AI（ジェネレーティブAI）とは？ChatGPTとの違いや仕組み ... brainpad.co · 1

生成AIとは？従来AIとの違いや仕組み・ビジネス活用例 ... cm-net.co · 2

[PDF] 中小企業のための「生成AI」活用入門ガイド - 東京商工会議所 tokyo-cci.or · 3

5 件をもっと見る

回答

以下に「生成AIの活用テクニック」の目次案を作成しました。各項目にはソースを付記しています。

1. 生成AIの基本概念と種類 1 2

1.1 生成AIとは

1.2 テキスト生成AI

1.3 画像生成AI

1.4 音声生成AI

2. 生成AIの活用ステップ 4

2.1 個人レベルでの活用プロセス

2.2 組織レベルでの導入ステップ

3. 業務別活用テクニック 2 5

3.1 文章要約と報告書作成

3.2 キャッチコピーとアイデア創出

3.3 プレゼンテーション資料作成

3.4 コンテンツ制作支援

4. プロンプトエンジニアリング入門 6

＊Perplexityがテーマに関連する情報を検索した上で、適切な目次を提案してくれます。

＊「各目次にソースをつけてください」という要望を追加することで、各目次の後ろに番号でソースのリンクをつけてくれます（この依頼をつけないと、目次のソースを割愛されることがあり、内容確認が面倒になります）。

基本プロンプト2

上記の目次を踏まえ、文章を作成してください。

実例

上記の目次を踏まえ、文章を作成してください

回答

「生成AIの活用テクニック」

1. 生成AIの基本概念と種類

生成AI（Generative AI）は、人工知能技術の一分野で、新しいコンテンツを創造する能力を持つシステムを指します。主に以下の種類があります：

1.1 テキスト生成AI

GPT-3やChatGPTなどが代表例で、自然言語処理を用いて文章を生成します。

1.2 画像生成AI

DALL-E 2やMidjourney等が有名で、テキスト入力から画像を生成します。

1.3 音声生成AI

WaveNetやTacotronなどがあり、自然な音声を合成します。

2. 生成AIの活用ステップ

2.1 個人レベルでの活用プロセス

1. 目的の明確化
2. 適切なAIツールの選択
3. プロンプトの作成と最適化

＊目次に続けてプロンプトを入力することで、目次にそった簡単な文章を作ってくれます。

＊Perplexityは追加質問を入れても新規検索してしまったり、ChatGPTなどと比べるとやりとりが途切れがちですが、「上記の」という言葉をつけると、1つ前の回答内容を引き継いでくれやすくなります。

＊Perplexityは文章を短めに出力する傾向があるので、文章作成後にさらに「上記の内容について、文章をもっと充実させてください」と依頼することで長めの文章を作成してくれます。また、無理にPerplexityで全文を作らず、目次作成後にはChatGPTやClaudeに移行する手もあります。私自身は第8章で具体的な方法をご紹介していますが、Perplexityを使って文章内容の骨子を作成しつつ、文章のドラフトはClaudeで作っています。

発展プロンプト

「(テーマ)」の内容案を検索結果を踏まえて考えてください。
「# 現状の想定」も参考にしつつ、それ以外の内容も足してください。
箇条書きで具体的に作成してください。
現状の想定
(元々想定している目次)

実例

「Perplexityはなぜ人気か？」の内容案を検索結果を踏まえて考えてください。

「# 現状の想定」も参考にしてください。（「現状の想定」以外の内容も足してください）

箇条書きで具体的に作成まとめてください。

見出しも作ってください。

現状の想定
・Perplexity利用者数
・Perplexityの利用者の声

回答

「Perplexityはなぜ人気か？」の内容案を以下にまとめました。

Perplexityの急成長と利用者数

- 2022年の立ち上げから急速に成長し、2024年第1四半期には月間アクティブユーザー数が1500万人に達した 5
- 2024年5月には月間6742万回の訪問を記録し、前月比20.71%増加 3
- 月間アクティブユーザー数が約1000万人に到達 1

使いやすさと直感的なユーザーインターフェース

- 従来の検索エンジンとは異なり、直接的な回答を提供する「アンサーエンジン」として機能 6
- シンプルで洗練されたデザインにより、情報へのアクセスが容易 6
- 自然言語での質問入力が可能で、検索ボックスに似た使い感 2

高品質な情報提供と信頼性

- 学術研究や信頼できるソースからの情報収集を重視 18
- 回答にソースと引用を明確に表示し、情報の信頼性を確保 18
- 最新の情報をリアルタイムで取得し、常に最新の知識ベースを維持 18

多様な機能と柔軟性

＊自分の考えている初期案（現状の想定）を入力した上で、他の項目・観点を追加することができます。私が本書を作る際には、実際にこのプロンプトを使い、初期案に内容を足しています。Perplexityの最大のメリットは「ソースが確認できること」なので、追加内容はソースをしっかり確認し、妥当なものだけを追加しました。

＊最初の回答だけでなく、関連検索を使ってどんどん深掘りすることで、テーマに関しての理解をさらに深めることもできます。

＊プロ検索を使うことで、より広く検索してもらうことができます。

応用プロンプト

「(テーマ)」について、賛成派と反対派の両方の意見を含む文章構成を作成してください。

「(テーマ)」に関する歴史的背景、現状、将来の展望を含む文章構成を提案してください。

「(テーマ)」について、初心者向けの入門ガイドの目次を作成してください。

「(テーマ)」に関する学術論文の構成を、先行研究のレビューを含めて提案してください。

「(テーマ)」に関する、データや統計を多用した分析レポートの構成を提案してください。

SEO向けのコンテンツを作る

「文章構成を作る」の応用編で、SEO（検索エンジン最適化）を意識したコンテンツをPerplexityをフル活用して作成する方法を紹介します。

このテクニックは、名古屋市の株式会社アドクルーの有江さんに伝授してもらった方法で、非常に実践的です。なお今回の方法では非常に高精度なドラフトを作成できますが、著作権侵害には十分注意し、自分で取捨選択した上で最終化してください。

発展プロンプト

下記キーワードでブログを書くための調査をしてください。
キーワード
（対象キーワード）

調査項目
・サブキーワード
・関連キーワード
・ターゲット
・現状の課題
・検索意図
・潜在的ニーズ
・満足する基準

実例

下記キーワードでブログを書くための調査をしてください

キーワード
ChatGPT 活用方法

調査項目
・サブキーワード
・関連キーワード
・ターゲット

・現状の課題
・検索意図
・潜在的ニーズ
・満足する基準

プロサーチ

『ChatGPT 活用方法』に関連するサブキーワードと関連キーワードを調べる

『ChatGPT 活用方法』に関連するターゲット、現状の課題、検索意図、潜在的ニーズ、満足する基準を調べる

ソース

ChatGPTの問題点とは? 解決方法や今後... · cloud-contactcenter.jp
ChatGPTの問題点は？・情報が正確ではない可能性がある・フィッシングメールなどへ悪用される可能性がある・専門性の高い質問には答えられない・悪性...

14 件をもっと見る

回答

ChatGPTの活用方法に関する調査結果をご報告いたします。

サブキーワード:

- ChatGPT 使い方
- ChatGPT ビジネス活用
- ChatGPT プロンプト
- ChatGPT SEO
- ChatGPT 文章生成

関連キーワード:

- AI チャットボット
- 自然言語処理

＊まずは下準備として、対象キーワードに関連する情報を収集します。「調査項目」には“有江さん式”の情報を含めていますが、他の項目を足すことも可能です。

発展プロンプト2

上記の情報を基本情報とします。
上位表示されやすいH2見出しのみ出力してください。
出力形式：
H2：〇〇〇
H2：〇〇〇
....
制限：
・キーワードはできる限り前半に持ってくる
・読みやすい構成とする

実例

上記の情報を基本情報とします。

上位表示されやすいH2見出しのみ出力してください。

出力形式：
H2：○○○
H2：○○○
....

制限：
・キーワードはできる限り前半に持ってくる
・読みやすい構成とする

プロサーチ

調査結果に基づいた魅力的なH2見出しの案を複数生成する

回答

H2：ChatGPTの活用方法：初心者向け基本ガイド

H2：ChatGPTをビジネスで活用する5つの具体例

H2：効果的なChatGPT活用のためのプロンプトエンジニアリング入門

H2：ChatGPTの限界と注意点：適切な使用法を知る

H2：ChatGPT活用による生産性向上：時間節約のコツ

H2：ChatGPTと他のAIツールの連携：相乗効果を生み出す方法

H2：ChatGPT活用の最新トレンドと将来展望

H2：ChatGPT活用事例：成功企業に学ぶベストプラクティス

H2：ChatGPTを使った文章生成のコツとテクニック

H2：ChatGPT活用における倫理的配慮と著作権問題

共有

＊「上記の情報を基本情報」と指定することで、前の回答結果と内容をつなげています。この言葉がないと、新規で別の検索をしてしまう可能性があります。

＊SEO向けの構成を考えるため、まずはH2（大見出し）を作成してもらいます。なお「H」は「Heading（見出し）」の略で、Webサイトを作るための言語であるHTMLで使われる用語の1つです。H1は記事タイトルで利用されることが多いため、H2から作成する仕様となっています。「キーワードはできる限り前半に」という制限もSEOを意識したものです。

発展プロンプト3

上記H2見出しを、ブログ見出しとします。
さらに深掘りするために、H3（必要に応じてH4）を、各H2見出しごとに作成してください。
出力形式：
H2：〇〇〇
H3：〇〇〇
H4：〇〇〇
H4：〇〇〇

実例

上記H2見出しを、ブログ見出しとします。

さらに深掘りするために、H3（必要に応じてH4）を、各H2見出しごとに作成してください。

出力形式：
H2：〇〇〇
H3：〇〇〇
H4：〇〇〇
H4：〇〇〇
…

プロサーチ

調査と分析により、各H2見出しに対応するH3およびH4見出しを作成する。

回答

H2：ChatGPTの活用方法：初心者向け基本ガイド
H3：ChatGPTとは何か：AIチャットボットの概要
H3：ChatGPTの基本的な使い方
H3：アカウント作成から会話開始までの手順
H3：効果的な質問の仕方とコツ

H2：ChatGPTをビジネスで活用する5つの具体例
H3：コンテンツ作成の効率化
H3：カスタマーサポートの強化
H3：市場調査と競合分析
H3：プログラミングとデバッグの支援
H3：ブレインストーミングと創造性の向上

H2：効果的なChatGPT活用のためのプロンプトエンジニアリング入門
H3：プロンプトとは何か
H3：効果的なプロンプトの構造と要素
H3：目的別プロンプトテンプレート
H3：プロンプトの最適化と改善方法

H2：ChatGPTの限界と注意点：適切な使用法を知る
H3：ChatGPTの知識の制限と更新頻度
H3：バイアスと偏見の可能性
H3：事実確認の重要性

＊「上記H2見出しを」と指定することで、前の回答結果と内容をつなげています。
＊このプロンプトでは、さらに細かい単位の見出し（H3・H4）を作成してもらいます。

発展プロンプト4

下記の見出しについて、執筆スタイル／ポイントを守って、ブログ記事を執筆してください。
見出し
H2：○○○
H3：○○○
H4：○○○
H4：○○○
執筆スタイル／ポイント
・最新の情報で書くこと
・初心者向けに書くこと
・抽象的ではなく、具体的に書くこと
・ターゲットの課題を解決できること
ルール
・小見出しあたり300文字程度で記載すること
・わかりにくい言葉や事柄は、例なども用いて、わかりやすくすること
・英語のソースも活用すること
・ソースは文章ごとにつけること

実例

下記見出しについて、執筆スタイル/ポイントを守って、ブログ記事を執筆してください。

見出し：
H2：ChatGPTの活用方法：初心者向け基本ガイド
H3：ChatGPTとは何か：AIチャットボットの概要
H3：ChatGPTの基本的な使い方
H3：アカウント作成から会話開始までの手順
H3：効果的な質問の仕方とコツ

執筆スタイル/ポイント
・最新の情報で書くこと
・初心者向けに書くこと
・抽象的ではなく、具体的に書くこと
・ターゲットの課題を解決できること

ルール
・小見出しあたり300文字程度で記載すること
・わかりにくい言葉や事柄は、例なども用いて、わかりやすくすること
・英語のソースも活用すること

回答

H2：ChatGPTの活用方法：初心者向け基本ガイド

ChatGPTは、多くの人々の日常生活やビジネスに革命をもたらしています。しかし、初めて使う方にとっては、その可能性を最大限に活用するのは難しいかもしれません。そこで、このガイドでは、ChatGPTの基本的な使い方から効果的な活用方法まで、初心者の方々にわかりやすく解説します。

H3：ChatGPTとは何か：AIチャットボットの概要

ChatGPTは、OpenAI社が開発した最先端の人工知能チャットボットです。2024年現在、最新モデルであるGPT-4を搭載し、自然言語処理の能力が大幅に向上しています 1。簡単に言えば、ChatGPTは人間のように会話ができるAIです。例えば、「明日の天気は？」と聞けば天気予報を教えてくれたり、「簡単なパスタレシピを教えて」と頼めばレシピを提案してくれたりします。

ChatGPTの特徴は、単に情報を提供するだけでなく、文脈を理解し、創造的な回答を生成できることです。例えば、「猫と犬が共存する物語を書いて」というリクエストに対して、オリジナルのショートストーリーを作成することができます。このような柔軟性と創造性が、ChatGPTを他の検索エンジンやAIアシスタントと一線を画すものにしています。

H3：ChatGPTの基本的な使い方

ChatGPTの基本的な使い方は非常にシンプルです。まず、ChatGPTのウェブサイト（chat.openai.com）にアクセスし、アカウントにログインします。ログイン後、画面下部にあるテキストボックスに質問や指示を入力し、送信ボタンをクリックするだけです 2。

例えば、「プログラミング初心者におすすめの言語は？」と入力すると、ChatGPTは複数の言語を提案し、それぞれの特徴や学習難易度について説明してくれます。また、「500文字程度の自己紹介文を書いて」と依頼すれば、あなたの指定に沿った文章を生成してくれます。

重要なのは、ChatGPTは会話の文脈を理解するため、続けて質問することができる点です。例えば、最初の質問の後に「その中で最も将来性がある言語は？」と聞けば、前の回答を踏まえた上で新たな情報を提供してくれます。

H3：アカウント作成から会話開始までの手順

ChatGPTを使い始めるには、まずアカウントを作成する必要があります。以下が具体的な手

＊ここまでの整理を踏まえ、記事を作成してもらいます。「# 見出し」の部分は、全部入れてしまうと1つ1つの文章が薄くなってしまうため、H2単位で1つずつ入力するのがポイントです。H2が10個ある場合、10回行うことになります。
＊プロ検索を行うことで、見出しにあった内容を改めて再検索して情報を肉づけした上で文章を作成してくれます。プロ検索を使わなくても実施可能ですが、検索範囲が狭くなります。Perplexityを使わずにChatGPTやClaudeなどで文章化することも可能です。
＊「英語のソースも活用する」などと記載し、検索範囲を日本語以外にも広げることで、より多くの情報から文章を作れます。
＊「ソースは文章ごとにつける」を追加することで、各文章ごとのソースがわかります。この一文をつけないと、ソースへのリンクがない形で文章が作成されてしまうことが多く、根拠の確認が大変になります。

ファクトチェックする

原稿の正確性を高めるためのファクトチェックは非常に重要ですが、複数の情報源を確認しながら検証するのは労力がかかります。特に、最新の情報や信頼性の高いデータを効率的に見つけるのは、手作業では限界があることが多いです。

ChatGPTなどの生成AIで原稿のファクトチェックを行おうとしても、情報が古かったり、詳細な裏づけがなかったりし、原稿の正確性を確保することが難しいです。

Perplexityを活用することで、最新の情報源から迅速にデータを収集し、効率的にファクトチェックを行うことができます。複数の情報源を自動的に参照し、整理された形で結果を提示してくれるため、原稿の正確性の向上と作業時間の短縮を同時に実現できます。ただし、そもそもネット上の情報自体が間違っている可能性もあるため、情報源自体が信頼できるかの確認・判断は自分で行いましょう。

本書でも、AI情報やトレンドに関する記載は、この方法でファクトチェックを行っています。

基本プロンプト

以下の内容をファクトチェックして。
（チェックしたい文章や情報をここに貼り付ける）

実例

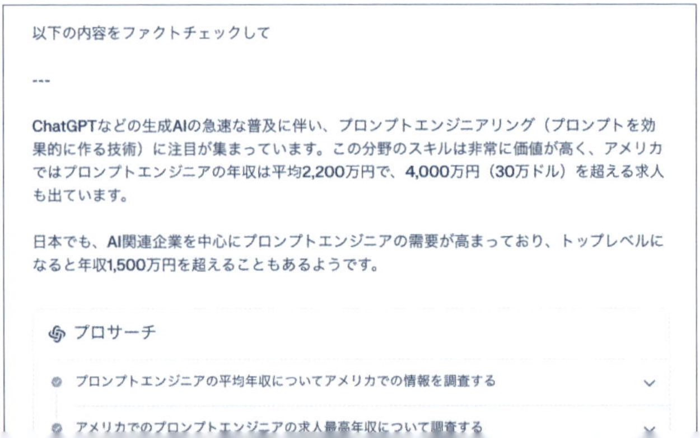

以下の内容をファクトチェックして

ChatGPTなどの生成AIの急速な普及に伴い、プロンプトエンジニアリング（プロンプトを効果的に作る技術）に注目が集まっています。この分野のスキルは非常に価値が高く、アメリカではプロンプトエンジニアの年収は平均2,200万円で、4,000万円（30万ドル）を超える求人も出ています。

日本でも、AI関連企業を中心にプロンプトエンジニアの需要が高まっており、トップレベルになると年収1,500万円を超えることもあるようです。

プロサーチ

- プロンプトエンジニアの平均年収についてアメリカでの情報を調査する
- アメリカでのプロンプトエンジニアの求人最高年収について調査する

＊Perplexityは貼りつけた内容を分析し、関連する最新の情報を検索して回答を生成します。各回答には情報源が示されているので、必要に応じて詳細を確認できます。

＊確認すべきファクトが複数ある場合は、プロ検索を用いることで、ファクトに合わせて段階的に検索してくれるので便利です。

発展プロンプト

「文章」をファクトチェックし、以下のような表形式で出力してください。
|元文章|チェック結果|説明|ソース|
文章
（チェックしたい文章や情報をここに貼り付ける）

実例

「文章」をファクトチェックし、以下のような表形式で出力してください

|元文章|チェック結果|説明|ソース|

文章
ChatGPTなどの生成AIの急速な普及に伴い、プロンプトエンジニアリング（プロンプトを効果的に作る技術）に注目が集まっています。この分野のスキルは非常に価値が高く、アメリカではプロンプトエンジニアの年収は平均2,200万円で、4,000万円を超える求人も出ています。

日本でも、AI関連企業を中心にプロンプトエンジニアの需要が高まっており、トップレベルになると年収1,500万円を超えることもあるようです。

プロサーチ

- ChatGPTなどの生成AIの急速な普及があるか確認する。
- アメリカでプロンプトエンジニアの平均年収が2,200万円で、4,000万円を超える求人が存在するかを確認する。
- 日本でプロンプトエンジニアの需要が高まっており、年収が1,500万円を超えるか確認する。

ソース

【2024年7月最新】プロンプトエンジニアの年収は？仕事内容や求め… offers · 1	生成AIとChatGPTの違いとは?技術や用途を解説【事例あり】 cloud.signate · 2	生成AI（ジェネレーティブAI）とは？ChatGPTとの違いや仕組み… brainpad.co · 3	10 件をもっと見る

回答

元文章	チェック結果	説明	ソース
ChatGPTなどの生成AIの急速な普及に伴い、プロンプトエンジニアリング（プロンプトを効果的に作る技術）に注目が集まっています。	事実	ChatGPTの普及とプロンプトエンジニアリングへの注目は事実と確認できる	1 2
この分野のスキルは非常に価値が高く、アメリカではプロンプトエンジニアの年収は平均2,200万円で、4,000万円を超える求人も出ています。	一部事実	4,000万円を超える求人は事実だが、平均2,200万円という数字の出典が不明	5 13
日本でも、AI関連企業を中心にプロンプトエンジニアの需要が高まっており、トップレベルになると年収1,500万円を超えることもあるようです。	ほぼ事実	日本での需要の高まりと高年収の可能性は確認できるが、具体的な「1,500万円」という数字の出典は不明	4 7 8

＊回答フォーマットを指定することで、より明確にファクトチェックの結果を確認できます。前述どおり、根拠をしっかり確認し、情報源がそもそも信頼できるかは自分で判断しましょう。

応用プロンプト

以下の文章の最新の統計データを確認して

以下の文章の歴史的事実や年表の正確性を検証して

以下の文章の科学的主張の裏づけを確認して

以下の内容について、法律・規制に関する情報を確認して

以下の文章の技術用語・専門用語の定義を確認して

資料のファクトチェック

「江戸切子ガラスペンの製作と販売をしています。その際、伝統的文様の説明、ガラスペンの由来などの説明文を作成し、「これをファクトチェックして」と依頼しています。1つ1つを検索して検証する手間が省けました。また、読みやすいように文章量の調整などもまとめてできます」（匿名）

既存コンテンツを拡充する

前述のファクトチェックと近い発想ですが、元文章の関連情報を検索してもらい、コンテンツを充実させることもできます。

ChatGPTなどの生成AIでも同様のことはできますが、最新情報やデータに基づいた拡充を考えると、Perplexityの方が圧倒的に便利です。

基本プロンプト

以下の文章内容をさらに充実させて
（既存のコンテンツ）

実例

以下の文章内容を更に充実させて。、

ChatGPTなどの生成AIの急速な普及に伴い、プロンプトエンジニアリング（プロンプトを効果的に作る技術）に注目が集まっています。この分野のスキルは非常に価値が高く、アメリカではプロンプトエンジニアの年収は平均2,200万円で、4,000万円を超える求人も出ています。

日本でも、AI関連企業を中心にプロンプトエンジニアの需要が高まっており、トップレベルになると年収1,500万円を超えることもあるようです。

回答

以下の文章は、プロンプトエンジニアリングの現状と将来性について、より詳細に解説したものです：

ChatGPTやMidjourney、Stable Diffusionなどの生成AIの急速な普及に伴い、プロンプトエンジニアリング（プロンプトを効果的に作成する技術）に大きな注目が集まっています 1。この分野のスキルは非常に価値が高く、特にアメリカでは需要が急増しています。アメリカのプロンプトエンジニアの平均年収は約2,200万円（15万ドル）で、トップレベルのエンジニアになると4,000万円（27万ドル）を超える求人も出ています 2。

日本でも、AI関連企業を中心にプロンプトエンジニアの需要が高まっており、経験や能力によって年収に大きな差が出ています。一般的なプロンプトエンジニアの年収は600万円から1,000万円程度ですが、トップレベルのスキルを持つエンジニアになると年収1,500万円を超えることもあるようです 3。

プロンプトエンジニアに求められるスキルは多岐にわたります。AIと機械学習の基本的な知識、自然言語処理（NLP）の理解、プログラミングスキル（特にPython）が重要です 4。また、ライティングスキルや柔軟な創造力も不可欠とされています 5。

プロンプトエンジニアリングの将来性は非常に高いと考えられています。生成AI市場は2023年に約5兆8000億円規模に達し、2026年までには約13兆3400億円と2倍以上に成長すると予測されています 6。この成長に伴い、プロンプトエンジニアの需要はさらに増加すると見込まれています。

ただし、AIの急速な進化により、プロンプトエンジニアの役割も変化する可能性があります。そのため、継続的な学習と適応力が求められる職種と言えるでしょう 7。プロンプトエンジニアを目指す人は、AIの最新動向を常に把握し、スキルアップを続けることが重要です。

共有

＊Perplexityは既存のコンテンツを理解し、関連する最新情報を検索して拡充を行います。
＊文章に複数トピックがある場合、プロ検索で多角的に検索してもらう方がよい結果を得られます。

発展プロンプト

以下の既存コンテンツを充実させてください。
拡充にあたっては、以下の点に注意してください。
・最新のデータや統計情報を追加する
・業界の最新トレンドを反映させる
・具体的な事例や実践例を2つ3つ追加する
・異なる視点や意見を含める
・拡充部分と既存のコンテンツの整合性を保つ
出力フォーマット
既存コンテンツ

実例

以下の「既存コンテンツ」を充実してください。

拡充にあたっては、以下の点に注意してください
1. 最新のデータや統計情報を追加する
2. 業界の最新トレンドを反映させる
3. 具体的な事例や実践例を2-3つ追加する
4. 異なる視点や意見を含める
5. 拡充部分と既存のコンテンツの整合性を保つ

出力フォーマット
- 拡充されたコンテンツ
- 追加された主な情報のリスト
- 情報源のリスト

既存コンテンツ
ChatGPTなどの生成AIの急速な普及に伴い、プロンプトエンジニアリング（プロンプトを効果的に作る技術）に注目が集まっています。この分野のスキルは非常に価値が高く、アメリカではプロンプトエンジニアの年収は平均2,200万円で、4,000万円を超える求人も出ています。

日本でも、AI関連企業を中心にプロンプトエンジニアの需要が高まっており、トップレベルになると年収1,500万円を超えることもあるようです。

回答

拡充されたコンテンツ

ChatGPTなどの生成AIの急速な普及に伴い、プロンプトエンジニアリング（プロンプトを効果的に作る技術）に注目が集まっています。この分野のスキルは非常に価値が高く、アメリカではプロンプトエンジニアの年収は平均2,200万円で、4,000万円を超える求人も出ています。

最新の調査によると、2024年におけるプロンプトエンジニアの需要は前年比40%増加してお

り、この成長傾向は今後も続くと予測されています[1]。特に、医療、金融、法律などの専門分野でのAI活用が進む中、それぞれの分野に特化したプロンプトエンジニアの需要が高まっています。

日本でも、AI関連企業を中心にプロンプトエンジニアの需要が高まっており、トップレベルになると年収1,500万円を超えることもあるようです。2023年の調査では、日本国内のAI関連求人の約15%がプロンプトエンジニアリングのスキルを要求しており、この割合は2022年の8%から大幅に増加しています[2]。

プロンプトエンジニアリングの最新トレンドとしては、以下が挙げられます：

1. マルチモーダルAIへの対応：テキストだけでなく、画像や音声も含めたプロンプト設計が求められています。
2. ドメイン特化型プロンプト：特定の業界や分野に特化した高度なプロンプト設計が重要視されています。
3. 倫理的配慮：AIの出力に対する倫理的な配慮を組み込んだプロンプト設計が注目されています。

具体的な事例としては：

1. 医療分野での活用：ある大手製薬会社では、プロンプトエンジニアリングを活用して臨床試験データの分析を効率化し、新薬開発のスピードを20%向上させました[3]。
2. 教育分野での応用：オンライン教育プラットフォームでは、学習者の理解度に応じて最適な説明を生成するAIチューターを開発し、学習効果を30%改善しました[4]。
3. カスタマーサポートでの実践：大手eコマース企業では、プロンプトエンジニアリングを活用して多言語対応のカスタマーサポートAIを構築し、問い合わせ対応時間を50%短縮しました[5]。

一方で、プロンプトエンジニアリングには課題もあります。AIの出力の一貫性や信頼性の確保、個人情報保護やセキュリティの問題、そしてAIへの過度の依存などが指摘されています。これらの課題に対処するため、プロンプトエンジニアには技術的スキルだけでなく、倫理的判断力や批判的思考力も求められるようになっています。

プロンプトエンジニアリングの将来性は非常に高く、AI技術の進化とともにその重要性はさらに増していくと予想されます。しかし、技術の急速な進歩に追いつくためには、継続的な学習と実践が不可欠です。プロンプトエンジニアを目指す人々には、AI技術の基礎知識はもちろん、対象となる専門分野の深い理解、そして創造的思考力が求められるでしょう。

追加された主な情報のリスト

1. 2024年のプロンプトエンジニア需要の増加率
2. 日本国内のAI関連求人におけるプロンプトエンジニアリングスキルの需要増加
3. プロンプトエンジニアリングの最新トレンド（マルチモーダルAI、ドメイン特化型プロンプト、倫理的配慮）
4. 具体的な活用事例（医療、教育、カスタマーサポート分野）

＊拡充の方向性を明確に指定することで、より具体的な情報を得ることができ、意図した方向性でコンテンツを増強できます。

＊多角的な検索が必要になるのでプロ検索を行いましょう。

応用プロンプト

以下のコンテンツについて、業界レポートや最新市場動向を追加して

以下のコンテンツについて、最新の技術進歩や事例で補強して

以下のコンテンツについて、ユーザーレビュー・口コミを追加して

以下のコンテンツについて、学術論文や研究結果から内容を補強して

以下のコンテンツについて、判例や法的見解を追加して

ユーザーニーズを分析する／ペルソナを作成する

皆さんも新商品やサービスを考えるとき、「お客様が本当に求めているものは何か？」と頭を悩ませることがあるのではないでしょうか。ユーザーニーズを分析するには、最新のデータや市場動向を基に洞察を得ることが重要ですが、それらを手作業で行うのは非常に時間がかかります。

ChatGPTなどの生成AIでユーザーニーズを分析しようとすると、様々な観点を出してはくれますが、最新の市場動向や具体的なデータが反映されていないため、現実とかけ離れた結果になってしまう懸念があります。また、特定製品やサービスに関する詳細な情報が不足していることも多々あります。

Perplexityを活用することで、最新のオンライン情報を基にユーザーニーズを効率的に分析し、整理することができます。複数の情報源から得られたデータを統合し、洞察を導き出すことが可能になります。またマーケティングでよく作られる「ペルソナ（代表的なユーザーのプロフィールやインサイトを整理したもの）」を作成することも可能です。

基本プロンプト

（製品・サービス）のユーザーの関心・ニーズを整理して

実例

Perplexityについてのユーザの関心・ニーズを整理して

ソース

Perplexity AIで驚くほど簡単に！情報検索の新時代が到来 localsquare.co · 1	Perplexity AI はインターネットを検索して情報を整理してくれる ai-iroha · 2	【注目】生成AIサービス「Perplexity」の独自機能と信頼性を徹底解説 thinkit.co · 3	5 件をもっと見る

回答

Perplexity AIに関するユーザーの主な関心事や需要を以下のように整理できます:

効率的な情報収集

- 従来の検索エンジンよりも迅速かつ的確に情報を提供 1 2
- 複雑な質問にも対応し、整理された回答を生成 2
- 情報源が明示されるため、信頼性の確認が容易 2 5

使いやすさ

- 自然な対話形式で質問可能 2
- スマートフォンアプリでも利用可能 1
- 登録不要で基本的に無料で使用可能 4

多様な機能

- 検索範囲を特定のサイトやカテゴリーに絞り込み可能 4
- 画像生成機能の追加など、継続的な機能拡張 2

業務での活用

- リサーチ業務の効率化 2
- 文章生成や要約作成のサポート 2

高度な機能（有料プラン）

- GPT-4やClaude 3 Opusなど最新のAIモデルを選択可能 5
- 1日あたりの高性能検索回数の増加 5

教育・学習への応用

- 複雑なトピックの解説や学習ガイド作成 3
- 研究活動のサポート 3

これらの特徴により、Perplexity AIはユーザーの情報収集や問題解決を効率化し、幅広い分野での活用が期待されています。

共有 …

Perplexityについて、ユーザ口コミ・レビューから、ユーザの関心・ニーズを整理して

ソース

【注目】生成AIサービス「Perplexity」の独自機能と信頼性を徹底解説
thinkit.co · 1

【日本語にも対応】Perplexity AIの使い方を徹底解説 | 料金,口コミ ...
synergy-career.co · 2

Perplexity AIで驚くほど簡単に！情報検索の新時代が到来 | Beyond Work Labo
localsquare.co · 3

5 件をもっと見る

回答

Perplexityに関するユーザーの口コミやレビューから、以下のようなユーザーの関心事やニーズを整理できます:

情報収集の効率化

- 従来の検索エンジンよりも迅速かつ的確に情報を提供してくれる 1 2
- 複雑な質問にも対応し、整理された回答を生成する 1
- 情報源が明示されるため、信頼性の確認が容易 2

使いやすさ

- 登録不要で基本的に無料で使用可能 2 4

＊冒頭に指定された製品について、ユーザーの関心やニーズを検索し、整理してくれます。

＊1つ1つの内容のソースを確認することができるため、妥当かどうかの判断がしやすいです。

＊「ユーザーの口コミ・レビューから～」と追加質問を補足することで、実際の顧客コメントなどのデータから抽出することもできます。

発展プロンプト

上記のユーザーの関心・ニーズから、（製品・サービス）のペルソナを作成してください。

上記のユーザの関心・ニーズから、Perplexityのユーザのペルソナを作成してください

ソース

ChatGPTを用いたペルソナの作り方！実際のプ... · ai-souken.com
ChatGPTを用いたペルソナの作成方法を解説しています。AI技術を駆使してマーケティング戦略を強化する手法について、実際のプロンプトを交えつつ具体...

7件をもっと見る

回答

Perplexityのユーザーペルソナを以下のように作成しました:

効率的な情報収集家 - 田中さとし (35歳)

プロフィール

- IT企業のマーケティング部門で働く会社員
- 常に最新のトレンドや業界動向をキャッチアップする必要がある
- 時間に追われており、効率的な情報収集を重視している

特徴と行動

- 複雑な質問や専門的なトピックについて調べることが多い
- 情報の信頼性を重視し、ソースを確認する習慣がある
- スマートフォンを頻繁に使用し、移動中や隙間時間に情報を収集する
- 新しいテクノロジーに興味があり、AIツールの活用に積極的

ニーズと期待

- 迅速かつ正確な情報提供
- 複雑な質問に対する整理された回答
- 最新の情報へのアクセス
- 信頼性の高い情報源の提示
- 使いやすいインターフェースと対話形式の検索体験
- 多言語対応（特に日本語と英語）

課題と不安

- 情報の正確性や最新性への不安

＊「上記の」とつけることで、前の回答内容（ユーザーの関心やニーズ）を踏まえた上で、ペルソナという形式に整理してくれます。前の回答内容がインターネット上のデータに基づく整理なので、ただの想像ではなく、根拠に基づいたものになります。

発展プロンプト2

(製品・サービス) のユーザーセグメント別のニーズ分析を行ってください。
1. 主要な3つのユーザーセグメントの特定
2. セグメント別の主要なニーズと期待
3. セグメント間のニーズの共通点と相違点
分析結果には、可能な限り最新の統計データや市場調査結果を含めてください。

実例

4 コンテンツ制作での活用

2. 学生・研究者

- 学術的な情報へのアクセス
- 信頼性の高いソースからの引用
- 複雑なトピックの詳細な説明
- PDFや学術論文の分析機能 3

Perplexityの「アカデミックモード」は、このセグメントのニーズに特化しています 4。

3. ビジネスプロフェッショナル

- 市場動向や競合情報の分析
- ビジネスレポートの作成支援
- データ駆動の意思決定サポート
- チーム内での知識共有機能

Perplexityは2024年4月にEnterprise Pro版をリリースし、Zoom、Stripe、Snowflakeなどの企業が早期アクセスで利用しています 5。

セグメント間のニーズの共通点と相違点

共通点

- 正確で最新の情報へのアクセス
- ユーザーフレンドリーなインターフェース
- 信頼性の高いソースからの情報提供

相違点

- 情報の深さ：一般ユーザーは簡潔な回答を好む傾向がありますが、学生・研究者やビジネスプロフェッショナルはより詳細な情報を求めます。
- 専門性：学生・研究者は学術的な専門性を、ビジネスプロフェッショナルは業界固有の

＊製品・サービスには当然様々なパターンのユーザーが想定されますが、このようなプロンプトを用いることで、複数パターンのユーザーをファクトに基づいて分類・定義することができます。

＊プロ検索を使えば、統計データや市場調査の結果なども反映されます。

応用プロンプト

（製品・サービス）に関する不満を10個リストアップしてください。

（製品・サービス）の主要な競合製品を5つ挙げ、それぞれの強みを1つずつ説明してください。

（製品・サービス）のユーザーインターフェースに関する改善要望を7つリストアップしてください。

（製品・サービス）のモバイルアプリ版に対するユーザーの要望を8つ挙げてください。

（製品・サービス）のユーザーが最も高く評価している機能を5つ列挙してください。

最新情報を反映した企画を作る

「プレスリリースや企画案がきたけどイマイチ……」このような経験がある人は多いと思います。Perplexityを活用することで、アイデアをぐぐっとレベルアップさせることができます。

この活用事例は、AI関連の業界で36年の経験を持つAIコンサルタントの丸岡一志さんから教えていただいた実践的な手法です。売り物になるレベルの内容ですが、快く教えていただき感謝します。実際に見ていきましょう。

発展プロンプト

あなたは企業の広報担当者です。下記の「#制約条件」に忠実に従い、「#企画の切り口」の参考にしながら、「#企画」から最高のプレスリリースを作成して下さい。

#制約条件
・500文字の文章を作成する
・魅力的な見出し
・重要な情報を先に伝える
・サービスの利点を強調
・証拠やデータを提示

#企画の切り口
以下11項目の観点をブラウジングによって検索し、企画と組み合わせると良い記事切り口となる発展的な企画アイデアを水平思考を用いて検討する。
・社会性
・新規性

・話題性
・公共性
・意外性
・希少性
・時流性
・季節性
・地域性
・実利性
・ドラマ性・人間性

#企画
（元の企画案）

実例

あなたは企業の広報担当者です。下記の「#制約条件」に忠実に従い、「#企画の切り口」の参考にしながら、「#企画」を元に最高のプレスリリースを作成して下さい。

#制約条件
・500文字の文章を作成する。
・魅力的な見出し
・重要な情報を先に伝える
・サービスの利点を強調
・証拠やデータを提示
・適切なCall to Action

#企画の切り口
以下11項目の観点をブラウジングによって検索し、企画と組み合わせると良い記事切り口となる発展的な企画アイデアを水平思考を用いて検討する。

・社会性
・新規性
・話題性
・公共性
・意外性
・希少性
・時流性
・季節性
・地域性
・実利性
・ドラマ性・人間性

#企画
プレスリリース：「生成AIサミット Vol.3」 - ビジネスにおける生成AI活用の最前線を探る
株式会社Workstyle Evolution（本社：東京都、代表取締役：池田朋弘）は、2024年10月17日（木）に「生成AIサミット Vol.3」をオンラインで開催することを発表いたしました。
イベント概要

日時：2024年10月17日（木） 11:00 ～ 18:00
場所：YouTube Liveにて配信
参加費：無料
申込方法：Peatixでの無料申し込み

開催の背景と目的
「生成AIサミット」は、生成AI技術のビジネス活用における最前線を共有し、その無限の可能性を探求するためのプラットフォームです。第3回となる今回は、前回の3,300人以上の応募者数を上回る規模で、さらに充実したコンテンツを提供します。
主な登壇者（一部）

池田 朋弘（株式会社Workstyle Evolution 代表取締役）- 総合司会
七里 信一（プロンプトエンジニア学校"飛翔"学長）
KEITO（AI × WEB YouTuber / ディレクター）
田村 洋樹（株式会社WEEL 生成AI事業部 統括リーダー）
津本 海（株式会社スニフアウト 代表取締役CEO）

注目セッション

七里信一が直接語る！チェーンプロンプトの極意と実践
プロンプトエンジニアリングの第一人者が、独自の「チェーンプロンプト」手法を詳説。
圧倒的な業務効率化を実現する5つの最新生成AIツール
KEITOが、最新の生成AIツールとその活用法を紹介。
業務改革！生産性を飛躍的に向上させる業務特化型AIエージェントとは？
AIエージェントによる業務改革の可能性を探る。
常識をぶち壊す「AI駆動開発」！システム開発の新常識を知る30分
AIを活用した新しいシステム開発手法「AI駆動開発」の可能性を解説。
RAGの落とし穴（課題）と成功事例を徹底解説！！真の力を引き出す3つのポイント！
RAG（Retrieval-Augmented Generation）の課題と成功戦略を提示。

株式会社Workstyle Evolution 代表取締役 池田朋弘のコメント
「第3回となる今回の生成AIサミットでは、さらに充実した内容と豪華な登壇者をお迎えし、生成AIのビジネスにおける可能性を深く掘り下げます。参加者の皆様には、最新の知見と実践的なスキルを持ち帰っていただき、各々の事業や組織でイノベーションを起こすきっかけとなることを期待しています。」

プロサーチ

企画の11項目に関する参考情報を集め、水平思考アイデアを考える。

集めた情報や企画のアイデアを元に、500文字のプレスリリースを作成する。

ソース

イベントカレンダー - 東京都 · metro.tokyo.lg.jp
イベントカレンダー・「デジタルでみる東京自然いきもの展」を開始・「オーディオゲームセンター + CCBT」開催・都立9庭園「和傘で庭園めぐり」・都立中央…

11 件をもっと見る

回答

生成AIが変える未来のワークスタイル：「生成AIサミット Vol.3」10月開催

株式会社Workstyle Evolutionは、2024年10月17日に「生成AIサミット Vol.3」をオンラインで開催します。本イベントは、ビジネスにおける生成AI活用の最前線を探る場として注目を集めており、前回の3,300人を上回る参加者数が見込まれています。

業界トップランナーが集結！最新AIトレンドを徹底解説

今回のサミットでは、プロンプトエンジニアリングの第一人者・七里信一氏による「チェーンプロンプトの極意」や、AI×WEB YouTuberのKEITO氏による「最新生成AIツール活用法」など、豪華講師陣による充実のセッションが用意されています。

データで見る生成AIの影響力

最新の調査によると、生成AI導入企業の生産性は平均30%向上し、新規事業創出のスピードが2倍に加速したという結果が出ています。本サミットでは、こうしたAIがもたらす具体的な効果と実践方法を学ぶことができます。

参加者特典：AIツール無料トライアル権

サミット参加者全員に、最新AIツールの1か月無料トライアル権をプレゼント。理論だけでなく、実践的なAI活用スキルを身につける絶好の機会です。

ビジネスの未来を左右する生成AI。その可能性を探る「生成AIサミット Vol.3」に、ぜひご参加ください。申し込みは公式サイトから。席数限定につき、お早めにお申し込みください！

共有

＊「制約条件」としてどのような案を作ってほしいかを明確にしています。
＊「企画の切り口」では、メディアにウケやすい11項目の切り口を指定しています。この指定があることにより、Perplexityが各切り口ごとの情報収集や思考をしやすくなります。
＊プロ検索を利用すれば多角的に調べることができます。
＊「企画」には、元の企画案を全文貼りつけましょう。

発展プロンプト2（上記の続き）

上記について、
・社会性
・新規性
・話題性
・公共性
・意外性
・希少性
・時流性
・季節性
・地域性
・実利性
・ドラマ性・人間性
について、どこに、上のそれぞれが切り口として反映していますか？
しっかり反映した切り口で考えてください

実例

・社会性
・新規性
・話題性
・公共性
・意外性
・希少性
・時流性
・季節性
・地域性
・実利性
・ドラマ性・人間性
について、どこに、上のそれぞれが切り口として
反映していますか？しっかり反映した切り口で考

えてください

プロサーチ

- 上記のプレスリリースにおける社会性、新規性、話題性、公共性といった切り口の反映箇所を調べる
- 上記のプレスリリースにおける意外性、希少性、時流性、季節性、地域性といった切り口の反映箇所を調べる
- 上記のプレスリリースにおける実利性、ドラマ性・人間性といった切り口の反映箇所を調べる

ソース

国内最大級のAI活用コミュニティ「SHIFT AI」代表木内が「生成AI ...
prtimes · 1

パナソニック コネクト 生成AI導入1年の実績と今後の活用構想 | 技術・研究...
news.panasonic · 2

GenAI/SUM 2024 (生成AIサミット) - 生成AIが起こす"シン"産業革命
xsum · 3

9 件をもっと見る

回答

承知いたしました。提供された情報を元に、各切り口について検討し、プレスリリースに反映させる方法を考えてみます。

1. 社会性:
生成AIの普及が社会に与える影響を強調します。例えば、「生成AIがもたらす新しい働き方革命 - 『生成AIサミット Vol.3』で未来を探る」といったタイトルが考えられます 1。
2. 新規性:
最新の生成AI技術や活用事例に焦点を当てます。「業界初！AIエージェントによる業務改革の可能性を探るセッション開催」などが効果的でしょう 1。
3. 話題性:
著名な登壇者や注目度の高いトピックを前面に出します。「AI×WEB YouTuber KEITOが語る！最新生成AIツールの活用法」といった見出しが考えられます 1。
4. 公共性:
生成AIの活用が社会全体にもたらす利益を強調します。「生成AI活用で労働生産性向上 - 日本経済の課題解決へ」などのアプローチが可能です 2。
5. 意外性:
予想外の活用事例や効果を紹介します。「驚きの結果！生成AI導入で18.6万時間の労働時間削減に成功」といった内容が考えられます 2。
6. 希少性:
独自の技術や限定的な機会を強調します。「国内最大規模！3,300人以上が参加する生成AIの祭典」などが効果的でしょう 1。
7. 時流性:
現在のAIブームや社会のデジタル化の流れに乗ります。「ポストコロナ時代の新たな成長戦略 - 生成AIが切り拓く未来」といったアプローチが考えられます。
8. 季節性:
開催時期に合わせたテーマを設定します。「秋の実りと共に - 10月開催の生成AIサミットで知識の収穫を」など、季節感を取り入れます 1。
9. 地域性:
開催地や参加企業の地域性を活かします。「東京から世界へ - 日本発の生成AI活用モデルを発信」といった切り口が考えられます。
10. 実利性:
参加者が得られる具体的なメリットを強調します。「即実践可能！生成AIによる業務効率化のノウハウを学ぶ」などが効果的でしょう 1。
11. ドラマ性・人間性:
AIと人間の共存や、AI開発者のストーリーを紹介します。「人間とAIの共創 - プロンプトエンジニア七里信一氏が語る未来のワークスタイル」といったアプローチが考えられま

＊「上記について」と補足することで、最初の回答内容を受けて処理してほしいことをPerplexityに伝えています。

＊最初の回答内容が未完成という前提で、さらにPerplexityに考えさせる

ように依頼しています。ちなみに、このように追加の改善案を求めるプロンプトのことを「パワハラプロンプト」と表現したりもします。人間のメンバーが考えた案を、このような形で追求するとパワハラ扱いされかねませんよね。しかしAIはまったく問題ありません。しっかり要望して、よいアウトプットを作ってもらいましょう。

発展プロンプト3（上記の続き）

上記について、（使えそうな切り口）を反映したプレスリリース案を作成して

＊同様に「上記について」と補足し、これまでの回答内容を引き継がせています。

＊発展プロンプト2で様々な切り口が提案されるので、そこから使えそうな切り口を選び、それを反映したプレスリリース案を作成してもらいます。

＊さらに「上記をもう1案作って」「上記で（別の切り口）を反映したプレスリリース案を作成して」といった形で別案をつくってもらうこともできます

ユーザーの活用例

アイデアエンジンとしてのPerplexity活用

「凡庸なリリース企画が、注目度の高い企画にブラッシュアップできます。一度、本文で紹介されたこのプロンプトを通してから社内の打ち合わせをするのがベストです。ニュースリリースとしてわかりやすいのはもちろん、企画をブラッシュアップするためのアイデアエンジンとして広汎に使えると思っています」（丸岡事務所代表・Teleport Media Planner　丸岡一志）

5

学習での活用

本章では、Perplexityを学習シーンで活用する方法を紹介します。Perplexityを活用すると、未知の情報をわかりやすく整理し、知りたい情報をスピーディに探せ、効率的に学ぶことができます。さらに、個人に最適化された学習プランの作成や学校選びまでサポートしてくれます。最新情報とソースを確認しつつ、関連質問でさらに学びを深めることも可能です。

未知の情報を調べる

未知の概念や技術を理解しようとするとき、必要な情報を得るのは簡単ではありません。検索エンジンを使っても、信頼できる情報を整理するのに時間がかかることが多く、さらにその内容がわかりやすく説明されているかどうかも運に頼る部分があります。

ChatGPTなどの生成AIで、未知の概念や技術について質問するのは、説明の難易度・トーンなども自分の好きなように調整できて非常に有効な手法です。一方で、そもそもの情報が古かったり、詳細が不足していたりすることがあります。特に最新の技術や専門的な概念ほど、正確な情報を得られないリスクが高くなります。

Perplexityを使うことで、未知の情報を効率的に収集し、必要な形式で整理することができます。さらに、関連検索を活用することで、その情報に付随する内容をどんどん深掘りすることができます。

基本プロンプト

（未知の情報）とは？

実例

生成AIのtransformerとは？

ソース

Transformerとは？AI機械学習の仕組み… · udemy.benesse.co.jp
深層学習モデルのひとつであるTransformerは、様々な生成系AIの発展を支える仕組みです。TransformerはAttentionと呼ばれる層のみで機械学習ができ …

7件をもっと見る

回答

Transformerは生成AIの基盤となる重要な深層学習モデルです。以下にTransformerの主な特徴と仕組みを説明します。

Transformerの概要

Transformerは2017年にGoogleの研究者らによって発表された深層学習モデルです [1]。従来の再帰型ニューラルネットワーク(RNN)やCNNを使わず、Attention機構のみを用いて自然言語処理タスクを行うことができる画期的なモデルです [3]。

Transformerの主な特徴

1. 高速かつ高精度な処理:
   Attention機構により、長文の処理を高速かつ高精度に行えます [1]。
2. 並列処理が可能:
   RNNと異なり、入力を同時並列で処理できるため学習が高速です [3]。
3. 長期依存関係の捕捉:
   文章中の離れた位置にある情報も適切に取り入れることができます [2]。

4. 高い拡張性:
モデルの大規模化が容易で、規模が大きいほど性能が向上する傾向があります [6]。

Transformerの構造

Transformerは主に以下の要素で構成されています:

1. エンコーダー・デコーダー構造
2. Self-Attention層
3. Position-wise Feed-Forward Network
4. Positional Encoding [3] [5]

Transformerの応用

Transformerは様々な生成AIモデルの基盤となっています:

- GPT (ChatGPTなど)
- BERT

＊検索エンジンと同様にシンプルな質問でも、Perplexityが様々なインターネット上の情報を収集し、端的に回答してくれます。
＊画像検索や動画検索を併用するのも便利です。
＊ソースを見ることで、回答の根拠も確認可能です。
＊フォーカス機能を使い、学術情報・YouTube情報に限定して探す方法も有用です。
＊回答の下にある関連質問により、情報をさらに深掘りしていくことができます。実際に使ってみると、「これが知りたい！」と思う優れた関連質問を出してくれるので、これだけでも非常に役立ちます。

発展プロンプト

（未知の情報）とは？
Q&A形式で回答してください。
また中学生でもわかるように簡単な説明にしてください。

実例

生成AIのtransformerとは？
Q&A形式で回答してください。
また中学生でもわかるように簡単な説明にしてください。

Sources

Transformer（トランスフォーマー)とは？深層学習の仕組みや特徴 ... aismiley.co · 1
Transformerとは？AI自然言語学習の技術を解説 - クリスタルメソッド crystal-method · 2
Transformerとは？AI機械学習の仕組みを解説 - Udemy メディア udemy.benesse.co · 3
View 5 more

Answer

Q: 生成AIのTransformerって何ですか?

A: Transformerは、生成AIの中でもとても重要な仕組みです。簡単に言うと、文章や画像を理解したり作ったりするAIの頭脳のようなものです。

Q: どんなことができるの?

A: Transformerは主に以下のようなことができます:

4. 質問に答える

Q: どうしてTransformerは優れているの?

A: Transformerには3つの大きな特徴があります:

1. 文章の前後関係をよく理解できる
2. たくさんの情報を一度に処理できる

これらの特徴のおかげで、人間のような自然な会話ができるAIが作れるようになりました。

Q: 有名なTransformerを使ったAIはありますか?

A: はい、あります。例えば:

＊ChatGPTなどと同様に、回答フォーマットやトーン（難易度）を指定するのも非常に有効です。このような聞き方をすることで、一方的な説明ではなく、Q&Aスタイルや簡単な表現で説明してくれます。

＊このように最初から指定することもできますし、後から「上記の内容を、Q&Aスタイルで、中学生でもわかるように説明してください」というように、追加の指示で続けることも可能です。

応用プロンプト

（未知の情報）について、初心者向けに3行で説明してください。

（未知の情報）の基本的な定義と、日常生活での具体的な例を1つ挙げてください。

（未知の情報）に関する賛否両論を簡潔にまとめてください。

（未知の情報）に関する最近のニュースや話題を1つ紹介してください。

（未知の情報）の最新の研究成果について教えてください。

科学的な現象（大学の教科書レベル）のメカニズムを調べる

「『○○（材料名）に添加する、△△（添加剤名）が□□（特性）を発現するメカニズムを教えてください』と尋ねたところ、添加剤がどのようなメカニズムで、その材料の特性を上げているかを的確に把握できた。ネット検索ではいくつかのサイトを見る必要がある。10分ほどかかった作業がPerplexityでは1分に短縮できた。1つ1つの作業はそれほど時間がかからないものの、新しい分野での調査を繰り返し行う業務のため、積み重ねによる時短効果は大きい」（材料メーカー勤務）

ツールの使い方を調べる

新しいツールの使い方を調べる際、公式サイトや関連情報を検索しても、複数のページを行き来しながら情報を整理するのは非常に手間がかかります。特に、操作手順が詳細に記載されていない場合、理解するまでに時間がかかり、効率が悪くなりがちです。

ChatGPTなどの生成AIでツールの使い方を調べるのは非常に便利ですが、やはり情報が古かったり、具体的な手順が不足していることがあります。また画像などによる操作手順もわかりません。

Perplexityを使うことで、ツールの最新の使い方情報を効率的に収集し、必要な形式で整理することができます。ソースを確認したり、画像検索・動画検索を併用すれば理解を速めることも可能です。

基本プロンプト

（ツールの使い方）を教えて

実例

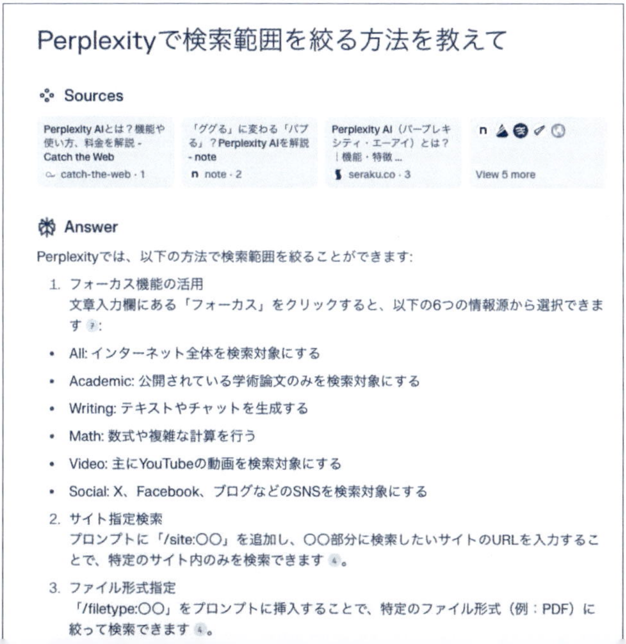

Perplexityで検索範囲を絞る方法を教えて

Sources

Perplexity AIとは？機能や使い方、料金を解説 - Catch the Web
catch-the-web · 1

「ググる」に変わる「パプる」？Perplexity AIを解説 - note
note · 2

Perplexity AI（パープレキシティ・エーアイ）とは？｜機能・特徴...
seraku.co · 3

View 5 more

Answer

Perplexityでは、以下の方法で検索範囲を絞ることができます:

1. フォーカス機能の活用
文章入力欄にある「フォーカス」をクリックすると、以下の6つの情報源から選択できます 7:

- All: インターネット全体を検索対象にする
- Academic: 公開されている学術論文のみを検索対象にする
- Writing: テキストやチャットを生成する
- Math: 数式や複雑な計算を行う
- Video: 主にYouTubeの動画を検索対象にする
- Social: X、Facebook、ブログなどのSNSを検索対象にする

2. サイト指定検索
プロンプトに「/site:〇〇」を追加し、〇〇部分に検索したいサイトのURLを入力することで、特定のサイト内のみを検索できます 4。

3. ファイル形式指定
「/filetype:〇〇」をプロンプトに挿入することで、特定のファイル形式（例：PDF）に絞って検索できます 4。

＊質問したツールの基本的な用途や機能について、最新の情報を探して答えを教えてくれます。各回答に情報源が示されているので、必要に応じて詳細を確認できます。

＊画像検索を使ったり、情報ソースをYouTubeに限定することで、画面や動画を使った説明を確認することも可能です。

応用プロンプト

（ツール）の具体的な活用事例を3つ紹介してください。

（ツール）の無料版と有料版の違いを表形式でまとめてください。

（ツール）の隠れた機能や、あまり知られていない使い方を教えてください。

（ツール）のトラブルシューティングガイドを作成してください。よくある問題とその解決策を含めてください。

（ツール）のキーボードショートカットや時短テクニックをリストアップしてください。

ユーザーの活用例

ツールの使い方を確認

「例えば、Notionの機能を『これってどうやるんだっけ？』と話し言葉で質問しています。Googleで検索すると、手順が書いてあるサイトを読みながら探して、本当に必要な情報を探し出すのに結構な時間がかかりますが、Perplexityに聞くとピンポイントで手順だけが出てくるので一瞬で解決します」

（AIコミュニティオーナー＆オンライン秘書　小杉絵里）

説明資料・教材を作る

説明資料や教材を作成する際、膨大な情報を集めて整理するのは大変な作業です。特に、学術的な内容や最新のデータを含める必要がある場合、正確な情報を探し出し、根拠を確認するプロセスには多くの労力と時間がかかります。

Perplexityなら、最新の情報や、学術などの特定範囲の情報を検索し、整理してくれるため、信頼性の高い説明資料のドラフトを迅速に作成することができます。

基本プロンプト

（トピック）についての説明資料を作成して

実例

生成AIについての説明資料を作成して

ソース

生成AI（ジェネレーティブAI）とは？ChatGPTとの違いや仕組み ... brainpad.co · 1

《2024年版》AIで資料作成を自動化！スライド生成AIツール14選の ... studio · 2

プレゼンテーション作成の時間を大幅削減！AIで製品資料を作成して ... crm.adxc.co · 3

5件をもっと見る

回答

生成AIについての説明資料を以下のように作成しました。

生成AIとは

生成AI(ジェネレーティブAI)は、深層学習や機械学習の手法を用いて、テキスト、画像、音楽、動画などのデジタルコンテンツを自動で生成する技術です 1。

主な特徴:

- 学習済みデータを活用してオリジナルデータを生成
- テキスト、画像、音声など多様な形式のコンテンツを作成可能
- 人間が作成したようなクリエイティブな成果物を生み出せる

生成AIの種類と活用例

テキスト生成AI

- チャットボット、文章作成支援
- 例: ChatGPT

画像生成AI

- イラスト、写真風画像の生成
- 例: DALL-E

音声生成AI

- 音声合成、楽曲生成
- 例: Jukebox

5

学習での活用

＊Perplexityは関連情報を検索し、整理された形で提示します。各情報には出典が明記されているので、必要に応じて詳細を確認できます。
＊Perplexityの初回の回答は、非常に端的で短く出力される傾向があるので、内容を充実させたい場合には、「SEO向けのコンテンツを作る」（122頁）で紹介したアプローチで何度か依頼を重ねていきましょう。

発展プロンプト

以下の要件に基づいて、（トピック）に関する説明資料を作成するため、まず目次を作成してください。
#目的
高校生向けの基礎知識をまとめる教材

#主な構成
・概要（200字程度）
・主な特徴（3つ、各100字程度）
・歴史的背景（200字程度）
・現在の状況（200字程度）
・将来の展望（200字程度）
・異なる見解や議論（賛成派と反対派の意見を各100字程度で比較）
・関連する用語解説（5つ、各50字程度）

目次が回答された後に、以下のようなプロンプトを入力します。

上記の見出しを基に、具体的な説明文章を作成してください。高校生向けの情報を拡充させてください。

実例

以下の要件に基づいて、「生成AIの教育への影響」に関する説明資料を作成するため、まず目次を作成してください。

#目的
高校生向けの基礎知識をまとめる教材

#主な構成
1. 概要（200字程度）
2. 主な特徴（3つ、各100字程度）
3. 歴史的背景（200字程度）
4. 現在の状況（200字程度）
5. 将来の展望（200字程度）
6. 異なる見解や議論（賛成派と反対派の意見を各100字程度で比較）
7. 関連する用語解説（5つ、各50字程度）

プロサーチ

生成AIの教育への影響に関する説明資料の目次を作成するための情報を調査する

目次を作成する

回答

以下に、「生成AIの教育への影響」に関する説明資料の目次を作成しました。

生成AIの教育への影響

1. 概要

2. 主な特徴

2.1 パーソナライズされた学習体験
2.2 即時フィードバックと評価
2.3 創造性と問題解決能力の向上

3. 歴史的背景

4. 現在の状況

5. 将来の展望

＊目的や構成を明確に指定することで、より体系的で詳細な説明資料を生成できます。

＊初回のプロンプトをしっかり指定しても、最初の回答は文章が少なめに出てしまいます。そこで、最初は目次を作ってもらい、次に「上記の見出しを基に」というプロンプトでやりとりをつなげながら、文章化を依頼しています。（2回目の依頼で内容が不足している場合、さらに3回目に「上記についてもっと内容を充実させてください」という形も有効です）

＊目次ごとに充実した内容を書いてもらうためには、多角的に検索できるプロ検索をおすすめします。

応用プロンプト

（トピック）の歴史的な発展過程を年表形式でまとめてください。

（トピック）について、賛成派と反対派の主張を比較した説明資料を作成してください。

（トピック）に関する最新の研究成果や技術革新をまとめた資料を作成してください。

（トピック）に関する初心者向けのQ&A形式の説明資料を10問作成してください。

（トピック）に関する専門用語集（20語）を作成し、各用語を簡潔に説明してください。

資料作成AI「Gamma」

Perplexityを使うことで文章レベルの構成まではできますが、ここからのプレゼンテーション資料作成はやはり手間がかかります。

資料作成AIとしては、PowerPointのCopilotなどの選択肢もある中で、AI界隈でいま話題になっているのが「Gamma」です。文章からビジュアルレベルの高い資料を簡単に作成でき、作成後はPDFにしたり、PowerPointでダウンロードして編集することも可能です。さらに資料だけでなく、ウェブサイトとして公開することもできます。

参考として、実際に今回の回答結果を基にGammaで資料を作ってみました。以下のようなビジュアルを含めた資料がものの数分で作成可能です。

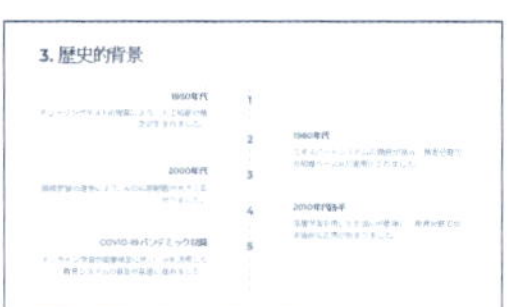

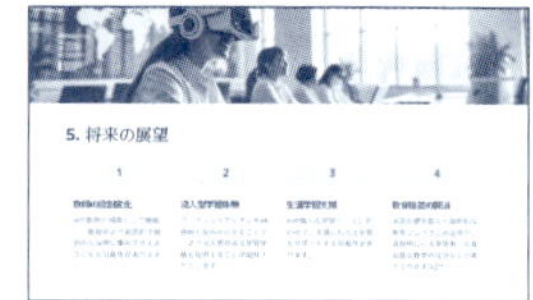

https://gamma.app/

自分用の学習プランを作る

新しい分野を学ぶ際、「どのリソースを使えば効果的に学べるのか？」と迷うことがあるでしょう。学習プランを作成するには、最新のリソースや効率的な学習方法を探し出し、それを自分に合わせて整理する必要がありますが、これを手作業で行うのは非常に時間がかかるものです。

ChatGPTなどの生成AIで学習プランを立てようとすると、最新のリソースに関する情報が不足していて、汎用的で具体性に欠ける内容になりがちです。

Perplexityを活用することで、最新の学習リソースや方法論を効率的に収集し、個人の状況に合わせた具体的な学習プランを作成することができます。

基本プロンプト

初心者向けの週5時間の（学習分野）の学習プラン

実例

初心者向けの週5時間のPython学習プラン

ソース

【2024】機械学習にはPythonが最適！学習手順や所要時間を紹介
ai-kenkyujo · 1

【Python初心者必見】Python初心者におすすめな勉強方法を徹底…
engineer-style · 2

【初心者向け】Pythonは独学できる？学習の流れとおすすめの勉強法
aismiley.co · 3

5件をもっと見る

回答

Pythonの初心者向けに週5時間の学習プランを提案します。このプランは約3ヶ月(12週間)を想定しています。

第1-4週: Python基礎

週の学習内容:

- Python環境のセットアップ
- 変数、データ型、演算子
- 条件分岐(if文)と繰り返し(for, while)
- 関数の基本

学習方法:

- オンライン学習サイト(Progate等)で基礎を学ぶ 1
- 短い動画レッスン(ドットインストール等)で補完学習 3

第5-8週: データ構造とライブラリ

週の学習内容:

- リスト、辞書、タプル

＊「初心者」「週5時間」という条件設定により、現実的なプランが生成されやすくなります。

＊情報源が明確に示されるため、必要に応じて詳細を確認できます。ただし、このプロンプトでは学習者の個別の状況や目標が考慮されていないため、汎用的な内容になります。

発展プロンプト

以下の条件で（学習分野）の学習プランを作成してください。
・目標：（具体的な目標）
・期間：（学習期間）
・週あたりの学習時間：（時間数）
・現在のレベル：（初心者/中級者/上級者）
・好みの学習方法：（オンライン講座/書籍/実践プロジェクトなど）

プランには以下の要素を含めてください。
・週ごとの学習内容
・推奨される学習リソース（書籍、オンラインコース、チュートリアルなど）とソース
・小さな実践プロジェクトのアイデア
・進捗を測定する方法

実例

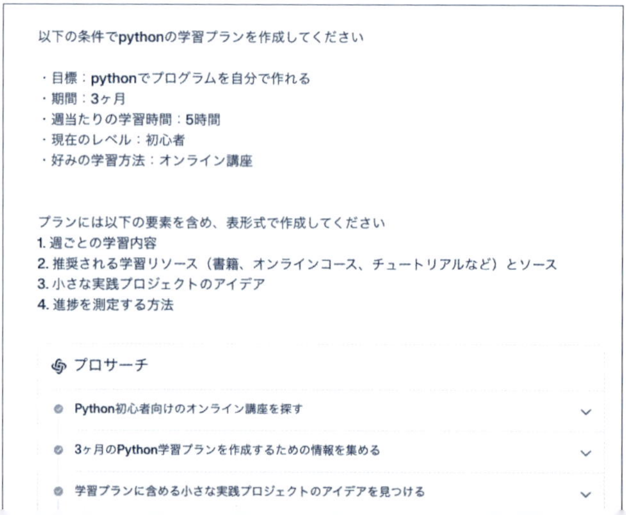

以下の条件でpythonの学習プランを作成してください

・目標：pythonでプログラムを自分で作れる
・期間：3ヶ月
・週当たりの学習時間：5時間
・現在のレベル：初心者
・好みの学習方法：オンライン講座

プランには以下の要素を含め、表形式で作成してください
1. 週ごとの学習内容
2. 推奨される学習リソース（書籍、オンラインコース、チュートリアルなど）とソース
3. 小さな実践プロジェクトのアイデア
4. 進捗を測定する方法

プロサーチ

Python初心者向けのオンライン講座を探す

3ヶ月のPython学習プランを作成するための情報を集める

学習プランに含める小さな実践プロジェクトのアイデアを見つける

週	学習内容	推奨リソース	実践プロジェクト	進捗測定方法
1-2	Python基礎（変数、データ型、演算子）	Codecademy "Learn Python 3"コース 1	簡単な計算機プログラム	Codecademyの進捗率、クイズスコア
3-4	制御構造（if文、ループ）	Real Python "Python Basics" 2	数当てゲーム	コードの理解度自己評価（1-10）
5-6	関数とモジュール	Coursera "Python for Everybody" 3	温度変換ツール	Courseraの週間クイズスコア
7-8	リストと辞書	Python公式チュートリアル 4	To-doリストアプリ	GitHubへのコミット数

＊学習者の具体的な状況や目標に合わせてカスタマイズされた学習プランを生成します。詳細な条件を指定することで、より個別化された実用的なプランが作成されます。

＊進捗の測定方法を含めることで、学習者のモチベーション維持と目標達成の確認がしやすくなります。

＊最近はYouTubeの学習コンテンツも充実しており、YouTube動画を学習リソースに含めるのも効果的です。

応用プロンプト

（学習分野）の最新トレンドを反映した6ヶ月間の学習ロードマップを作成してください。

（学習分野）のスキルを活かしたフリーランス開始までの3ヶ月集中学習プランを提案してください。

（学習分野）の資格取得に向けた効率的な学習スケジュールと推奨教材をリストアップしてください。

仕事と両立しながら（学習分野）をマスターするための1年間の段階的学習プランを作成してください。

（学習分野A）と（学習分野B）を並行して学ぶための相乗効果を最大化する学習プランを提案してください。

国別の状況を比較する

国ごとの状況を調べる際、統計データや各国のレポートは数多く存在しますが、それらを整理し、信頼できるレベルで比較を行うのは非常に手間がかかります。特に、データの出典が不明確だったり、古い情報に基づいている場合には、再度調べ直す必要も出てきます。

Perplexityなら、各国の最新データを効率的に収集し、比較・分析までしてくれます。これにより、意思決定や研究に役立つ洞察を迅速に得ることが可能になります。

基本プロンプト

（テーマ）について、（国A）・（国B）・（国C）を比較して

実例

生成AIの利用状況について、日本・アメリカ・中国を比較して

ソース

世界的な生成AI技術者が日本を選んだワケ | NHK | ビジネス特集
www3.nhk.or · 1

GPTなど生成AIに関する各国の動向まとめ - SELF株式会社
self · 2

[PDF] 生成AIで変わる未来の風景
nri · 3

5 件をもっと見る

回答

生成AIの利用状況について、日本・アメリカ・中国を比較すると、以下のような顕著な差が見られます:

個人の利用率

- 日本: 9%
- アメリカ: 46%
- 中国: 56%

日本の個人利用率は、アメリカや中国と比べて大きく遅れをとっています 5 8。

企業の活用方針

- 日本: 15.7%が「積極的に活用する方針」
- アメリカ: 46.3%が「積極的に活用する方針」
- 中国: 71.2%が「積極的に活用する方針」

企業の活用方針においても、日本は他の2国と比較して消極的な姿勢が目立ちます 8。

業務での活用状況

- 日本: 46.8%がメールや議事録、資料作成などの補助に活用
- アメリカ: 84.7%が同様の業務に活用
- 中国: 84.4%が同様の業務に活用

業務での具体的な活用においても、日本は大きく後れを取っています 4。

＊指定した国々の情報を収集し、整理して提示してくれます。

＊通常検索だと、比較されている記事を基に回答します。一方、プロ検索を使うことで、それぞれの国の情報を別々に検索し、それらを統合してくれます。簡単な質問は通常検索でも問題ないですが、難しい論点はプロ検索がおすすめです。

＊このプロンプトだと比較項目が曖昧なので、回答にばらつきが出ます。

発展プロンプト

（テーマ）について、（国A）、（国B）、（国C）における状況を以下の項目で比較し、表形式でまとめてください。
・（比較軸1）
・（比較軸2）
・（比較軸3）
・（比較軸4）
・（比較軸5）
また、各国の特徴や傾向について簡単な分析を追加してください。

実例

日本、アメリカ、中国の生成AI利用状況を以下の項目で比較し、表形式でまとめてください：

・個人の利用率（%）
・企業の導入率（%）
・主なプレイヤー・企業
・政府の支援策や規制の状況
・主要な国産AI企業や製品

また、各国の特徴や今後の展望について簡単な分析を追加してください。

回答

項目	日本	アメリカ	中国
個人の利用率	9.1%	46.3%	56.3%
企業の導入率	46.8%	84.7%	84.4%
主なプレイヤー・企業	NEC、富士通、ソニー	Google、Microsoft、OpenAI	Baidu、Alibaba、Tencent
政府の支援	AI推進基本法(仮)の整備に向け	AI規制に向けた行政命	AIを国家戦略として位置づ

5 学習での活用

＊比較項目を指定することで、構造化された情報を得られます。

＊指標が増える場合は、プロ検索を使うことでより多くの情報を集めることができます。

＊1回目の回答は短めに出力される傾向があるので、より情報がほしい観点については「上記について〜をより具体的に説明して」と尋ねましょう。

応用プロンプト

(国A)、(国B)、(国C) のGDP成長率を比較し、経済動向を分析してください。

(国A)、(国B)、(国C) の平均寿命を比較し、医療水準を評価してください。

(国A)、(国B)、(国C) のインターネット普及率を比較し、デジタル化の進展を評価してください。

(国A)、(国B)、(国C) の最新の経済指標（GDP成長率、インフレ率、失業率）を比較し、各国の経済状況を分析してください。

(国A)、(国B)、(国C) の教育システムを、識字率、高等教育進学率、PISA（国際学習到達度調査）スコアで比較し、それぞれの強みと課題を分析してください。

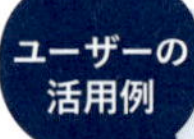

講演の内容を調査

「米国現地日本法人の経営層、人事系の方々向けに、生成AIにおける日米のスタンスの違いを含む『AIの企業導入：課題と対策』という講演で活用しました。日米の比較情報はゼロから調べましたが、最初にこの資料を見せたことで、皆さんが前のめりに話を聞いてくださるほど、短時間で効果的な資料作成ができました」（生成AI導入コンサルタント　新岡優子）

学校を調べる

学校やスクールを探すとき、「どの学校が自分に合っているのか？」と悩むことがあるのではないでしょうか。特に、最新のカリキュラムや特徴を詳しく調べて比較するのは時間がかかり、口コミやレビューを集める作業も大変です。

Perplexityを活用することで、最新の教育機関の情報を効率的に収集し、比較・整理することができます。

基本プロンプト

（学びたいテーマ）の学校／スクールを教えて

実例

生成AIの活用方法を学ぶためのスクールを教えて

ソース

生成AIの学び方を完全解説！おすすめの学習ステップとポイント
reskilling · 1

【2024年版】生成AIリテラシー研修とは？研修の目的や内容 ...
aiacademy · 2

AIについて学べるスクール5選！未経験から学べるスクールを紹介
datamix.co · 3

5 件をもっと見る

回答

生成AIの活用方法を学ぶためのスクールについて、いくつかおすすめの選択肢をご紹介します。

AI Academy Business

AI Academy Businessは、短期間で実務レベルのAI活用スキルを習得できる研修プログラムを提供しています 2。

- 生成AIリテラシー研修やプロンプトエンジニアリングに関するカリキュラムが充実
- AIツールの活用法や活用事例の紹介など、専門的な内容も学べる
- 実務を想定した演習が可能
- Pythonを使ったAIプログラミングやデータサイエンスなど、専門職向けの研修も提供

実践型 生成AI活用キャンプ

3ヶ月間で生成AIの実践的な活用スキルを身につけることができるプログラムです 5。

- 4つの課題をクリアすることで、業務への生成AI活用を学ぶ
- ビジネスを変革するAI実践マスターを目指す
- 初心者でも現場ですぐに使えるスキルを習得可能

データミックス

AIとデータサイエンスの学習に特化したプログラミングスクールで、初心者や文系出身者におすすめです 3。

- AI分野の難解な概念を分かりやすく教える
- 生成AI・機械学習エンジニア育成講座を提供
- 数学やプログラミングの経験がない方にも対応

＊テーマに関連するスクール・学校を調べ、簡単な特徴を提供してくれます。回答には情報源が示されているので、気になる教育機関についてさらに詳しく調べることができます。

＊「上記について、もっと詳しく教えて」「上記について、口コミをまとめて」などと追加質問で深掘りすることもできます。

＊比較観点が明確でないため、ニーズに合った学校やスクールが提案されるとは限りません。

発展プロンプト

（学びたいテーマ）の学校／スクールを調べ、以下で比較表を作成してください

・名前
・カリキュラムの特徴
・金額
・受講者の評判

実例

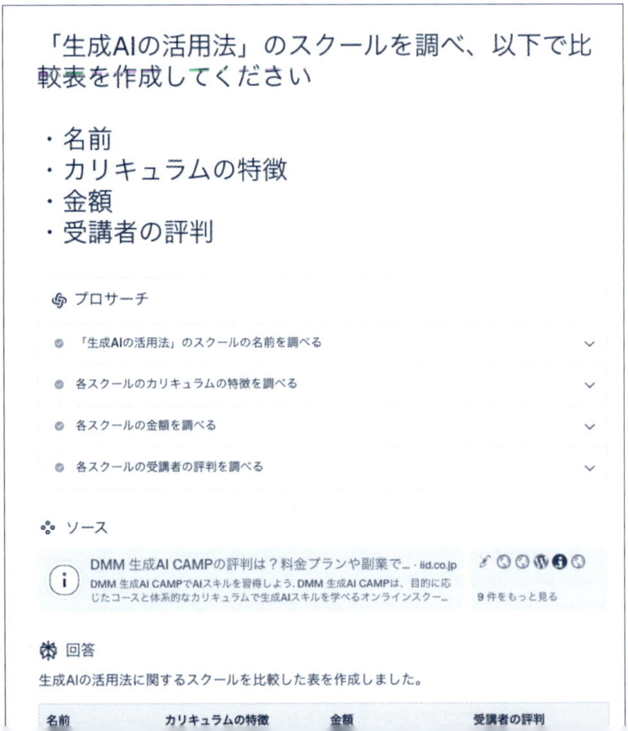

「生成AIの活用法」のスクールを調べ、以下で比較表を作成してください

・名前
・カリキュラムの特徴
・金額
・受講者の評判

プロサーチ

「生成AIの活用法」のスクールの名前を調べる

各スクールのカリキュラムの特徴を調べる

各スクールの金額を調べる

各スクールの受講者の評判を調べる

ソース

DMM 生成AI CAMPの評判は？料金プランや副業で... · iid.co.jp
DMM 生成AI CAMPでAIスキルを習得しよう. DMM 生成AI CAMPは、目的に応じたコースと体系的なカリキュラムで生成AIスキルを学べるオンラインスクー...

9 件をもっと見る

回答

生成AIの活用法に関するスクールを比較した表を作成しました。

名前	カリキュラムの特徴	金額	受講者の評判

DMM 生成AI CAMP	・基礎、マーケティング、営業の3コース ・実践的なプロンプトエンジニアリング ・専属メンターによるサポート	319,000円（税込） ※リスキリング補助金で最大70%オフの可能性あり	・生成AIの体系的な学習ができる ・仕事での即戦力になる ・メンターのサポートが充実 1 3 4
AIラボ（東京メトロ×プログラボ）	・中高生向けAI開発講座 ・Python、データ分析、機械学習を学ぶ ・チームでのプロジェクト実践	24,000円/月（税抜） ※年24回、1回150分	開講直後のため評判は少ない 6
生成AI導入・活用	・教育機関向け	プランによって異なる	評判の情報なし 8

＊比較軸を明示することで、知りたい内容をまとめてくれます。「比較表」と指定することで、表形式でわかりやすくまとめてくれます。

＊複数の情報源を調べてもらうためプロ検索がおすすめです。

＊表示されたリストが不足している場合、「上記について、他のスクールも調べて表に加えてください」と依頼すれば選択肢を追加してくれます。

応用プロンプト

（学びたいテーマ）が学べる学校を教えて

（学びたいテーマ）における学校・スクールの最新の受講者満足度ランキングを教えて

（学びたいテーマ）における学校・スクールを調べ、長所と短所をまとめて

（学校A）（学校B）（学校C）を比較して

（学校A）（学校B）（学校C）の卒業生の平均年収や就職先の傾向を調査して

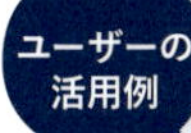

行きたい学校を見つける

「『将来宇宙飛行士になりたいんだけど、宇宙について学べる都内の中学校を教えて』と調べてみた。この例でいくと、宇宙教育プログラムを提供する学校や天文部のある学校など手がかりになる情報がわかった」（匿名）

6

日常生活での活用

本章では、普段の生活における Perplexity の活用例を紹介します。商品選び、プレゼント探し、店舗検索、旅行プラン作成、健康情報や政治の調査まで。日常生活のあらゆる場面で、Perplexity は私たちの情報収集や意思決定をサポートします。「知りたい」「探したい」「比べたい」というニーズに、Perplexity がどう応えてくれるのか、実践的な使い方を学びましょう。

商品やサービスを探す

新しい商品やサービスを選ぶ際、膨大な情報の中から何を基準に比較するべきか迷うことはありませんか。特に、あまり詳しくない分野では、何を重視して選べばよいかわからず、情報を整理するのも大変です。

Googleなどの検索エンジンを使えば、各商品やサービスの情報にアクセスできますが、情報を整理するのが大変です。あまり詳しくない領域だと、比較をしようにも、どう比べればよいかがわかりません。

Perplexityを使うことで、商品やサービスに関する最新情報を効率的に収集しつつ、必要な形式で比較・整理することができます。比べる軸まで提案してくれるので、迅速かつ的確な意思決定が可能になります。

基本プロンプト

（商品カテゴリー）のおすすめを調べて比較して

実例

画像生成AIサービスのおすすめを調べて比較して

ソース

【生成AIおすすめサービス12選！特徴をわかりやすくご紹介
sogyotecho・1

【無料22選】画像生成AI・イラスト自動生成サービス！おすすめ...
sungrove.co・2

【画像生成AI】最新比較ランキング！選ぶべきおすすめツール5選！
catch-the-web・3

5件をもっと見る

回答

画像生成AIサービスの主なおすすめと特徴を比較してご紹介します。

主要な画像生成AIサービス

1. Stable Diffusion
- 無料で利用可能
- 商用利用可能
- オープンソースで自由度が高い
- ローカル環境での利用が可能
2. Midjourney
- 高品質な画像生成が可能
- Discordを介して利用
- 有料プランあり
3. DALL-E 2
- OpenAIが開発

- 高品質な画像生成
- 有料プランあり

4. Bing Image Creator

- Microsoft製
- 無料で利用可能
- Webブラウザから簡単に利用可能

5. Canva

- デザインツールとAI画像生成を統合
- 使いやすいインターフェース
- 無料プランあり

比較ポイント

- 料金:無料～有料プランまで様々
- 利用環境:Webブラウザ、アプリ、ローカル環境など
- 商用利用:可能なものと不可のものがある
- 画質:高品質なものからシンプルなものまで
- 自由度:オープンソースのものが最も高い

選び方のポイント

- 用途に応じて適切なサービスを選ぶ
- 無料で試せるものから始めるのがおすすめ
- 商用利用の場合は利用規約を確認
- 画質や機能を比較検討する
- 操作性や使いやすさも重要な要素

画像生成AIは日々進化しているので、最新の情報を確認しながら、自分のニーズに合ったサービスを選ぶことが大切です 1 2 3。

共有

＊検索エンジンのように簡単なフレーズを入力するだけで、商品・サービスの情報を収集し、まとめてくれます。

＊「比較して」と入力することで、AIが自動で比較軸を考えて比べてくれます。

＊このプロンプトだと「おすすめ」と大雑把に依頼しているため、自分に適した提案がくるかどうかは未知数です。

基本プロンプト2

(以下の商品・サービス) を比較して
・(商品A・サービスA)
・(商品B・サービスB)
・(商品C・サービスC)

実例

以下のシャンパンを比較して
・ヴランケン　ブリュットナチュール
・ポメリーブリュット
・Jコンテ　ブリュット

プロサーチ

Search for detailed information about 'ヴランケン ブリュットナチュール' champagne

Search for detailed information about 'ポメリーブリュット' champagne

回答

これら3つのシャンパンを比較すると、以下のような特徴があります:

ヴランケン ブリュットナチュール

- 極辛口タイプのシャンパン 5 7
- 果実味あふれる香りとドライでシャープな味わいが特徴 8
- フレッシュな余韻があり、アペリティフや魚介料理に合う 8
- 瓶内熟成48ヶ月以上 9
- 糖分無添加(ノン・ドサージュ)で素直で実直な味わい 9

ポメリー ブリュット ロワイヤル

- 世界で初めて辛口シャンパンを造ったメゾンの代表的な銘柄 10

上記について比較表にして

以下に、指定されたシャンパンの比較表を示します。

シャンパン名	味の特徴	ブレンド比率	香り	価格帯	その他の特徴
ヴランケン ブリュットナチュール	極辛口、ドライでシャープ	情報なし	果実味あふれる香り	高め	糖分無添加(ノン・ドサージュ)、瓶内熟成48ヶ月以上
ポメリー ブリュット ロワイヤル	辛口、あっさり系	ピノ・ノワール、ムニエ、シャルドネ	柑橘、洋梨、杏、トーストの香り	中程度	世界初の辛口シャンパンを造ったメゾンの代表銘柄
J.コンテ ペール	果実味豊かで	ピノ・ノワール	アプリコッ	手頃	果実とハチミツの心

＊商品・サービスを指定した上で比較することもできます。あまり詳しくない商品カテゴリで「比較軸」がわからない場合に便利です。

＊各商品の情報をしっかり調べてほしい場合、段階的に検索してくれるプロ検索が便利です。

発展プロンプト

以下の「自分の状況」「条件」を踏まえ、（商品カテゴリー）のおすすめを調べて比較して
自分の状況
条件

＊「自分の状況」「条件・要望」を追加することで、自分に適したサービスを提案してもらいやすくなります。
＊条件が多い場合、通常検索だと情報が足りない懸念があるためプロ検索がおすすめです。

応用プロンプト

（商品A）と（商品B）の詳細な機能比較表を作成して

（商品カテゴリー）で人気商品を3つ挙げて、その理由も説明して

（商品カテゴリー）の中で、初心者向けと上級者向けの商品をそれぞれ2つずつ推薦して

（商品カテゴリー）の価格帯別におすすめの商品を1つずつ挙げて

（商品カテゴリー）でレビュー数が多い商品のトップ10を出して

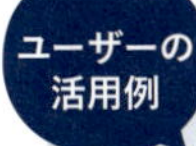

Amazonにない機能で商品を探せる

「Amazonではレビュー件数順に並び替える機能はないが、Perplexityで『Amazonのビジネス書ジャンルで、レビュー数が多い順TOP10を出してください』と依頼すれば出してくれる（多少のズレあり）。自分が知らないけど世の中では人気のある本を簡単に探すことができる。もちろん本以外にも家電製品や調味料など様々なカテゴリで応用可能で、ついついポチりまくってしまう」（あんなか）

プレゼントを探す

誕生日や記念日など、大切な人へのプレゼントを選ぶ機会は多くあります。しかし、相手の好みや最新のトレンドを把握しながら、適切なプレゼントを見つけるのは意外と難しいものです。

ChatGPTなどの生成AIでプレゼントのアイデアを探そうとすると、一般的な提案は得られるものの、具体的な商品を探すことが困難です。

Perplexityを活用することで、相手の特徴や状況に合わせたプレゼントのアイデアを考え、また具体的な商品まで探すことができます。さらに、価格帯や入手方法などの具体的な情報も含めて、総合的な提案を得ることができます。

基本プロンプト

（対象者）への（テーマ）プレゼントを考えて

実例

中学1年生の娘への誕生日プレゼントを考えて

ソース

【女子中学生へ贈る誕プレ】ゼッタイに喜ばれる選び方のコツを ... giftpedia · 1

中学生[女子]が喜ぶおすすめプレゼントランキング - ocruyo(オクルヨ) gift.biglobe.ne · 2

【2024年】女子中学生がもらって嬉しい誕生日プレゼント 人気 ... giftmall.co · 3

4 件をもっと見る

回答

中学1年生の娘への誕生日プレゼントとして、以下のアイデアが考えられます。

人気のプレゼントアイデア

1. **ファッションアイテム**
   - **アクセサリー**: ネックレスやイヤリングなどのファッション小物は、少し大人っぽいデザインが好まれます。特に、友達とのお出かけに使えるものが喜ばれるでしょう 3 6。
   - **ポーチ**: 可愛らしいデザインのポーチは、コスメや小物の整理に役立ち、実用的でありながらおしゃれさも兼ね備えています 3 6。
2. **文房具**
   - **デザイン性の高い文房具セット**: 中学生は学校で使う文房具にもこだわるため、可愛いデザインや機能的なものが人気です 2 3。
3. **コスメ**
   - **メイクアップセット**: 中学生になるとメイクに興味を持ち始める子も多いので、キッズ向けのメイクアップセットなどが喜ばれます 2 3。

4. **腕時計**

- **カジュアルな腕時計**: 学校や塾での時間管理に役立つ腕時計は、実用的でありながらファッションアイテムとしても楽しめます。特に、デザインが可愛いものや、人気キャラクターがデザインされたものが好まれます 3 6。

5. **ゲームソフト**

- **好きなジャンルのゲーム**: 勉強や部活の合間に楽しめるゲームソフトは、リフレッシュにもなり喜ばれるアイテムです 6 7。

プレゼント選びのポイント

- **流行を意識する**: 中学生は友達と同じものを持ちたがる傾向があるため、流行のアイテムを選ぶと良いでしょう。ただし、完全に同じものは避ける方が無難です 1 3。
- **ビジュアル重視**: SNS映えするような華やかなデザインや色合いが人気です。見た目にこ

＊指定された対象者とイベントに基づいて、プレゼントのアイデアを提案してくれます。

＊回答ではプレゼントカテゴリ（抽象的なアイデア）が出ますが、続けて「〜の具体的な商品を10個出して」などとプロンプトを打つと、具体的な商品を検索してくれます。

＊このプロンプトでは、相手の好みや条件がないので、最適なものにたどり着きにくいでしょう。

発展プロンプト

以下の条件に合うプレゼントを探しています。おすすめを5つ教えてください。
・対象者：（年齢、性別、関係性）
・イベント：（誕生日、記念日など）
・予算：（金額）円以内
・好みや興味：（具体的な趣味や関心事）
・避けたいもの：（すでに持っているものや苦手なもの）

それぞれのおすすめプレゼントについて、以下の情報も教えてください。
・商品名
・価格
・特徴や魅力
・購入可能な場所やウェブサイト

実例

以下の条件に合うプレゼントを探しています。おすすめを5つ教えてください。
・対象者：中学1年生の娘
・イベント：誕生日
・予算：1万円以内
・好みや興味：Youtubeカラフルピーチ、フォートナイト
・避けたいもの：特になし

それぞれのおすすめプレゼントについて、以下の情報も教えてください。
・商品名
・価格
・特徴や魅力
・購入可能な場所やウェブサイト

プロサーチ

中学1年生の娘への誕生日プレゼント候補を見つけるために、一般的なおすすめを調べる

Youtubeカラフルピーチやフォートナイトに関連するプレゼントを1万円以内で探す

各プレゼントの候補について詳細情報（商品名、価格、特徴や魅力、購入場所）を収集する

ソース

中学生[女子]が喜ぶおすすめプレゼントランキング - ocruyo(オクルヨ) gift.biglobe.ne · 1

女子中学生が喜ぶ誕生日プレゼント 欲しいものランキング20選 ... bp-guide · 2

中学生女子の心を掴む！予算5000円で贈るおしゃれなプレゼント10選 giftpedia · 3

5 件をもっと見る

回答

中学1年生の娘さんへの誕生日プレゼントとして、以下の5つをおすすめします。

1. リングライト付きスマホスタンド
   商品名: Neewer 10インチLEDリングライト
   価格: 約5,000円
   特徴: YouTubeの撮影に最適な照明器具。明るさと色温度の調整が可能で、スマホホルダー付き。
   購入先: Amazon.co.jp
2. ワイヤレスイヤホン
   商品名: Apple AirPods (第2世代)
   価格: 約9,800円
   特徴: 高音質で使いやすく、YouTubeやゲームの音声を快適に楽しめる。
   購入先: Apple公式サイトやAmazon.co.jp
3. ゲーミングマウス
   商品名: Logicool G203 LIGHTSYNC
   価格: 約3,000円
   特徴: フォートナイトなどのゲームプレイに適した高性能マウス。RGBライティング搭載。
   購入先: ヨドバシカメラやAmazon.co.jp
4. カラフルなメイクパレット
   商品名: NYX Professional Makeup アルティメイト シャドウ パレット
   価格: 約2,500円

＊対象者やイベントの詳細、予算、相手の好みなど、具体的な条件を指定しています。これにより、Perplexityはより的確で個別化されたプレゼントの提案を行うことができます。

＊また、各提案に対して具体的な商品情報や購入方法も含めるよう指示することで、実用的な情報を得ることができます。

応用プロンプト

（対象者）の（好きなブランド）の最新アイテムを3つ紹介して、それぞれの特徴と価格を教えて

（対象者）の（趣味）に関連する、（予算）以内のユニークなプレゼントのアイデアを5つ提案して

（イベント）に適した（カテゴリー）のプレゼントを、人気ランキング順に10個リストアップして

（対象者）へのプレゼントとして（商品名）を考えています。この商品の評判や口コミ、類似商品との比較情報を教えて

（対象者）の（記念日）に贈る、思い出に残るユニークな体験ギフトのアイデアを5つ提案して

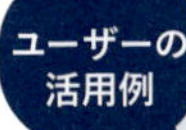

プレゼント選びのメンターに

「大切な人へのプレゼント選びで利用。その人との関係性や趣味嗜好、どのような気持ちでプレゼントしたいのか（イベントや予算含む）を入れたら、大きく3パターンに分けて、合計7パターンの回答を出してくれたので大変参考になった」（匿名）

店を探す

Googleなどの検索エンジンを使えば、店舗を見つけることはできますが、具体的な情報や口コミ情報などを確認するのが手間です。

食べログやぐるなびなどのポータルサイトはとても便利ですが、条件が思い浮かばなかったり、検索条件に入っていない軸で探す場合に、うまく探せないことがあります。また口コミなどは各ポータルに掲載している情報しかないため、それ以外の情報源を確認するのは面倒です。

Perplexityを使うことで、目的に合わせた店舗のタイプを考え、具体的な店舗を探し、また口コミなどで確認までを一気通貫して行うことができます。店舗の絞り込みまではリスト形式で確認できる食べログ・ぐるなびなどのポータルサイトを使い、そこから数店舗を詳細に比較をする際にPerplexityを使う手もあります。

先日、生成AIに関する名古屋オフ会を企画していただいたのですが、その際の会場探しにPerplexityが利用されたようです。とても快適でよいお店でした。

基本プロンプト

（地域名）で（希望する店舗タイプ・目的）のおすすめを教えて

実例

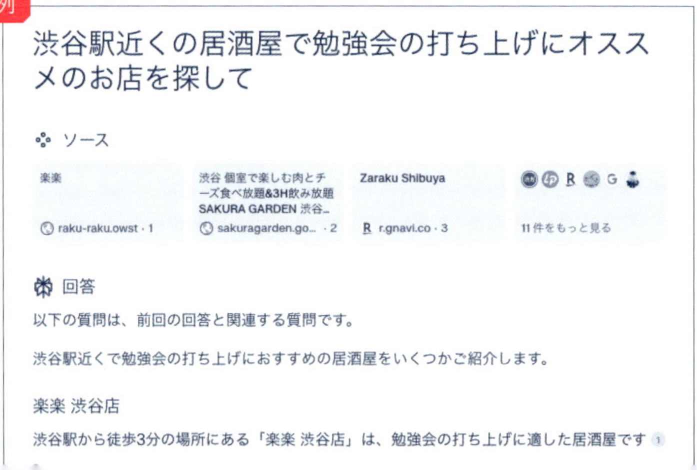

渋谷駅近くの居酒屋で勉強会の打ち上げにオススメのお店を探して

ソース

楽楽
raku-raku.owst · 1

渋谷 個室で楽しむ肉とチーズ食べ放題&3H飲み放題 SAKURA GARDEN 渋谷...
sakuragarden.go... · 2

Zaraku Shibuya
r.gnavi.co · 3

11 件をもっと見る

回答

以下の質問は、前回の回答と関連する質問です。

渋谷駅近くで勉強会の打ち上げにおすすめの居酒屋をいくつかご紹介します。

楽楽 渋谷店

渋谷駅から徒歩3分の場所にある「楽楽 渋谷店」は、勉強会の打ち上げに適した居酒屋です 1

- 個室完備で、グループでゆっくり過ごせる空間があります
- 焼き鳥や肉寿司の食べ放題コースが人気で、2,480円からあります
- 営業時間は午後12時から深夜0時までと長く、時間を気にせず楽しめます

SAKURA GARDEN 渋谷本店

こちらも渋谷駅から近い場所にある「SAKURA GARDEN 渋谷本店」もおすすめです [2]。

- 個室で楽しめる肉とチーズの食べ放題プランがあります
- 3時間の飲み放題付きコースもあり、ゆっくり楽しめます
- 営業時間は午後1時から深夜0時までです

Zaraku Shibuya

渋谷駅から徒歩圏内にある「Zaraku Shibuya」も打ち上げに適しています [3]。

- リラックスした雰囲気の居酒屋で、幅広いメニューが楽しめます
- 食べ放題のメニューもあり、グループでの利用に向いています
- 午後3時から午後11時30分まで営業しているので、時間に余裕を持って利用できます

これらのお店は、個室や食べ放題、飲み放題などのプランがあり、勉強会の打ち上げに適した環境を提供しています。予算や人数、希望する料理などに応じて選んでみてください。予約をする際は、勉強会の打ち上げであることを伝えると、より適したプランを提案してもらえる可能性があります。

＊地域名と希望する店舗タイプを指定すると、おすすめの店舗リストを作成してくれます。

＊おすすめの理由をコメントしてくれるので、「目的に合わせた店舗選びの軸」を考える材料になります。

＊各回答には情報源が示されているので、店舗の公式ページやポータルサイトのページも確認できます。

＊気になる店舗があったら「（店舗名）の口コミでよい点・悪い点をまとめて」と依頼することで、口コミまで確認できます。

発展プロンプト

以下の店舗を比較してください。
・（店舗1）
・（店舗2）
・（店舗3）
以下の軸で比較し、表形式でまとめてください。口コミはできるだけ詳細＆具体的にまとめてください。
・よい口コミ
・悪い口コミ
・（比較軸）

実例

以下の店舗を比較してください。

・全席個室居酒屋 焼き鳥キング渋谷店
・イタリアン肉バル Nice to meet cheese 渋谷店
・あばれ鮮魚 渋谷店

以下の軸で比較し、表形式でまとめてください。
口コミはできるだけ詳細&具体的にまとめてください。
・よい口コミ
・悪い口コミ
・ 20人程度のオフ会に向いているか

ソース

イタリアン肉バル×世界のチーズ Nice to meet cheese 渋谷店
hotpepper · 1

焼き鳥キング 渋谷店(居酒屋)の口コミ - ホットペッパーグルメ
hotpepper · 2

全席個室居酒屋 焼き鳥キング 渋谷店 - ホットペッパーグルメ
hotpepper · 3

8 件をもっと見る

回答

以下の表で3つの店舗を比較しました:

店舗名	よい口コミ	悪い口コミ	20人程度のオフ会に向いているか
全席個室居酒屋 焼き鳥キング渋谷店	- チーズフォンデュと生ハム肉寿司が絶品 2 - スタッフの対応が親切 9 - ケーキ出しの演出や誕生日プレートが良かった 9 - コスパが良い 9	- 特に目立った悪い口コミは見当たらない	向いている。最大100名収容可能で、20名用の個室が2つあり 3。全席個室なのでプライベート空間を確保できる 3。
イタリアン肉バル Nice to meet cheese 渋谷店	- 最大150名まで利用可能 1 - 全席扉付きの完全個室席がある 1 - 6名以上のコース予約で幹事1名無料のお得なクーポン	- 特に目立った悪い口コミは見当たらない	非常に向いている。最大150名まで利用可能で、団体様向けの個室やフロア貸切に対応 1 7。20名程度のオフ会に適した空間を提供できる。

＊具体的に店舗名を指定することで、候補を比較できます。
＊「口コミはできるだけ詳細＆具体的に」と指定することで、回答がまとまりすぎるのを防止することができます。

応用プロンプト

（地域名）で今話題の新店舗を5つリストアップして

（地域名）の（店舗タイプ）で、（特定の料理や商品）が評判の店を教えて

（地域名）で深夜営業している（店舗タイプ）を探して

（地域名）の（店舗タイプ）で、最近の口コミ評価が高い店トップ3を教えて

（地域名）で（特定の食材や調理法）を専門とする（店舗タイプ）を探して

旅行プランを作る

皆さんも旅行の計画を立てるとき、「どうやって情報を整理して効率的なプランにまとめればいいのか？」と悩むことがあるのではないでしょうか。観光地やアクティビティの情報は豊富にあるものの、それらを手作業で整理し、最新の情報を確認するのは時間と手間がかかります。

ChatGPTなどの生成AIでも旅行プラン作成は可能ですが、最新情報が反映されていなかったり、具体的なスポットや店舗情報にも誤情報の可能性があるなど、不安が残ります。

Perplexityを使うことで、インターネット上の最新の旅行情報を横断的に検索し、かつ自分がほしい形式にまとめることが簡単にできます。さらに、対話形式で詳細を詰めていくことができるため、より個人化された旅行プランを作成することができます。

余談ですが、Perplexityのプロ検索のデモ動画による最初の例が旅行プランの作成です。Perplexity AI社としても有用性を確信している活用方法といえるでしょう。

基本プロンプト

（目的地）への（日数）日間の旅行プラン

実例

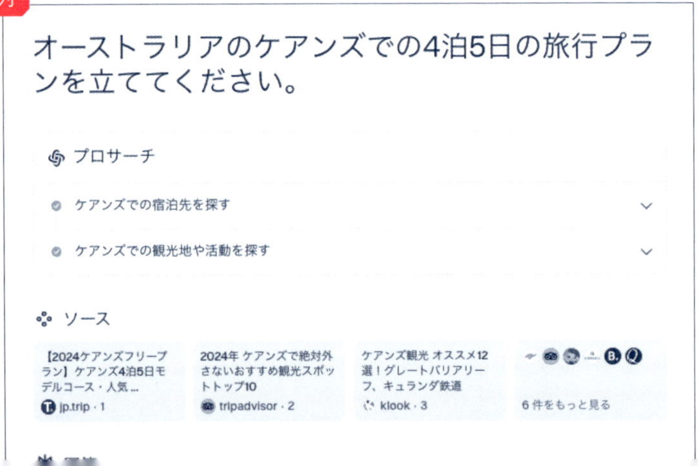

オーストラリアのケアンズでの4泊5日の旅行プランを立ててください。

プロサーチ

ケアンズでの宿泊先を探す

ケアンズでの観光地や活動を探す

ソース

【2024ケアンズフリープラン】ケアンズ4泊5日モデルコース・人気...
jp.trip · 1

2024年 ケアンズで絶対外さないおすすめ観光スポットトップ10
tripadvisor · 2

ケアンズ観光 オススメ12選！グレートバリアリーフ、キュランダ鉄道
klook · 3

6 件をもっと見る

回答

オーストラリアのケアンズで4泊5日の旅行を楽しむための素晴らしいプランをご提案します。自然の魅力と都市の魅力をバランス良く組み合わせたスケジュールです。

1日目: ケアンズ到着と市内観光

- ケアンズ国際空港に到着、ホテルにチェックイン
- **ケアンズ エスプラネード スイミング ラグーン**で休憩と水遊び [2]
- **ケアンズ ナイトマーケット**で夕食とお土産ショッピング [4]

2日目: グレートバリアリーフ体験

- 終日**グレートバリアリーフ**ツアーに参加 [1]
- シュノーケリングやダイビングで海中世界を堪能
- 船上でのランチを楽しむ

3日目: キュランダ村とレインフォレスト探索

- **キュランダ観光鉄道**でキュランダ村へ [3]
- キュランダ村で先住民文化体験やマーケット散策
- **スカイレール・レインフォレスト・ケーブルウェイ**で熱帯雨林上空を移動 [1]
- **パロネラパーク**訪問 [4]

4日目: ケアンズ周辺の自然探索

- 午前:**ケアンズ水族館**見学 [2]
- 午後:**ハートレイズ・クロコダイル・アドベンチャーズ**でワニ見学 [1]
- 夕方:**ケアンズ アートギャラリー**訪問 [1]

5日目: 最終日

- 朝:**ラスティーズ・マーケット**で最後のショッピング [7]
- **エスプラネード・ボードウォーク**散策 [2]
- 空港へ移動、帰国の途へ

宿泊先のおすすめ:

- **ノボテル ケアンズ オアシス リゾート**:市内中心部に位置し、ラグーンプールを備えた4.5星ホテル [5] [8]

このプランでは、ケアンズの主要な観光スポットを効率よく回ることができます。グレートバリアリーフやキュランダ村などの自然の魅力と、ケアンズ市内の観光スポットをバランス良く組み合わせています。滞在中は、現地のツアーやアクティビティを予約することで、より充実した体験ができるでしょう。

共有 ...

関連

ケアンズで必見の観光スポットはどこですか +

ケアンズで人気のアクティビティは何ですか +

ケアンズで最も美しい自然スポットはどこですか +

＊各日程ごとのプラン案を作成してくれます。

＊このプロンプトでも参考になる回答は得られますが、詳細条件がまったくないため、希望に合うプランではない可能性があります。

基本プロンプト2

（目的地）の観光スポットを5つ教えて、それぞれの特徴も説明してください。

実例

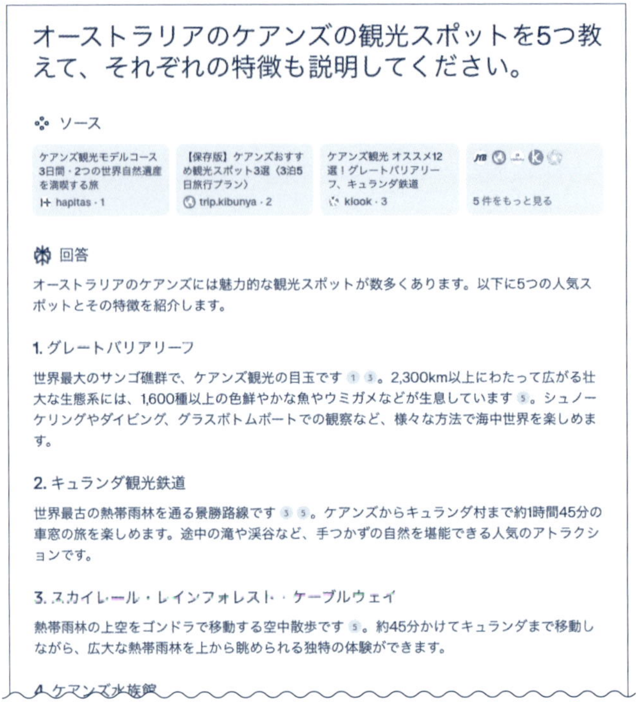

オーストラリアのケアンズの観光スポットを5つ教えて、それぞれの特徴も説明してください。

ソース

ケアンズ観光モデルコース3日間・2つの世界自然遺産を満喫する旅
hapitas · 1

【保存版】ケアンズおすすめ観光スポット3選（3泊5日旅行プラン）
trip.kibunya · 2

ケアンズ観光 オススメ12選！グレートバリアリーフ、キュランダ鉄道
klook · 3

5件をもっと見る

回答

オーストラリアのケアンズには魅力的な観光スポットが数多くあります。以下に5つの人気スポットとその特徴を紹介します。

1. グレートバリアリーフ

世界最大のサンゴ礁群で、ケアンズ観光の目玉です 1 3。2,300km以上にわたって広がる壮大な生態系には、1,600種以上の色鮮やかな魚やウミガメなどが生息しています 5。シュノーケリングやダイビング、グラスボトムボートでの観察など、様々な方法で海中世界を楽しめます。

2. キュランダ観光鉄道

世界最古の熱帯雨林を通る景勝路線です 3 5。ケアンズからキュランダ村まで約1時間45分の車窓の旅を楽しめます。途中の滝や渓谷など、手つかずの自然を堪能できる人気のアトラクションです。

3. スカイレール・レインフォレスト・ケーブルウェイ

熱帯雨林の上空をゴンドラで移動する空中散歩です 5。約45分かけてキュランダまで移動しながら、広大な熱帯雨林を上から眺められる独特の体験ができます。

4. ケアンズ水族館

＊プランではなく、旅行先に関する様々な情報（スポットや店舗など）を調べるのもPerplexityの得意領域です。

＊「特徴も説明して」と付け加えることで、単なるリストではなく、各スポットの魅力や注意点などの付加情報も得られます。

＊気になった内容や疑問がある場合には、追加質問をすることで理解を深めることができます。観光スポットや店舗をリストアップしているサイトやブログは多数ありますが、これらのサイトやブログは書いてある情報が固定されています。Perplexityなら、気になった内容をどんどん深掘りすることができます。

発展プロンプト

（目的地）への（日数）日間の旅行プランを、「条件」を踏まえ、以下の「フォーマット」で作成してください。
条件
・予算：(予算)
・やりたいこと：(やりたいこと)
・(その他の条件)

フォーマット
1日目：
・午前：
・午後：
・夜：
(以下、日数分繰り返し)

実例

オーストラリアのケアンズへの4泊5日の旅行プランを、「条件」を踏まえ、以下の「フォーマット」で作成してください。

条件
・予算：30万円
・やりたいこと：海辺の散歩
・参加者：4人（自分、妻、中１の娘、小４の息子）
・ホテル・航空券は決まっており、予算の対象外

フォーマット
1日目：
・午前：
・午後：
・夜：
・1日の予算：

（以下、日数分繰り返し）

プロサーチ

ケアンズでの観光地を探す（特に家族向けの海辺の散歩スポット）

ケアンズでの4泊5日旅行のためのアクティビティーと予定を立てる

ソース

Top things to do in Cairns with kids - Tourism Australia
australia · 1

The Ultimate 5-Day Cairns Itinerary in 2024 - Australia Travel Hub
australiatravelhub · 2

Cairns Attractions for Kids | Cairns Family Attractions
cairnsattractions... · 3

9 件をもっと見る

回答

ケアンズへの4泊5日の家族旅行プランを以下のように作成しました。予算30万円を考慮し、海辺の散歩や家族で楽しめるアクティビティを含めています。

1日目：
・午前：ケアンズ到着、ホテルチェックイン
・午後：エスプラネード・ラグーンでリラックス、海辺の散歩
・夜：ナイトマーケットで夕食と買い物
・1日の予算：5,000円

2日目：
・午前：キュランダ観光列車でキュランダ村へ 1
・午後：レインフォレステーション自然公園でコアラと触れ合い、先住民文化体験 2
・夜：スカイレールでケアンズに戻り、ホテル近くで夕食
・1日の予算：60,000円

3日目：
・午前：グリーン島へのデイトリップ 3
・午後：島内でシュノーケリング、ビーチでリラックス
・夜：ケアンズに戻り、エスプラネードで海辺の散歩と夕食
・1日の予算：80,000円

4日目：
・午前：ケアンズ動物園でオーストラリアの動物たちと触れ合い 4
・午後：パームコーブへ移動、ビーチでリラックスと海辺の散歩 5
・夜：パームコーブで海を見ながら夕食
・1日の予算：40,000円

＊予算や興味・関心を指定することで、より個人化されたプランを作成できます。

＊フォーマットを定義することで、検索後に知りたい情報を構造化して抽出してくれます。日ごとの予算目安や注意事項を含めることで、より実用的な旅行プランが得られます。

応用プロンプト

（目的地）の（月）の気候と適切な服装をアドバイスしてください。

（目的地）で人気のローカルフード5つとおすすめの店を教えてください。

（目的地）から（別の目的地）への最適な移動手段と所要時間、概算費用を教えてください。

（目的地）で開催される（月）のイベントやお祭りを教えてください。

（目的地）を訪れる際の文化的なマナーや注意点を5つ挙げてください。

美術（芸術）を調べる

美術などの芸術を深く理解するためには、作品の解釈や背景に関する多くの情報を収集する必要がありますが、ネット上の情報は断片的で、総合的に理解するのは大変です。また、説明がわかりにくいこともあり、正確に理解するには多くの時間がかかります。

ChatGPTなどの生成AIで美術作品について質問すると、作品の細部や歴史的背景に関する詳細が間違っている懸念があります。

Perplexityを使うことで、美術作品や美術家に関する幅広い情報を効率的に収集し、作品の解釈から歴史的文脈まで、多角的な視点で整理することができます。さらに説明方法を自分に合わせてわかりやすく調整したり、関連質問で知識を深掘りすることもできます。

基本プロンプト

（作品名）について解説して

実例

モナ・リザについて解説して

ソース

「モナリザ」は何がすごい？微笑みに込めた作者の謎と意味を解説
davincist · 1

モナ・リザ - Wikipedia
ja.wikipedia · 2

レオナルド・ダ・ヴィンチ「モナ・リザ」を分かりやすく解説！
artfans · 3

5件をもっと見る

回答

モナ・リザは、イタリアのルネサンス期の巨匠レオナルド・ダ・ヴィンチによって1503年頃から数年かけて描かれた肖像画です。この作品には以下のような特徴や魅力があります:

技法と表現

- スフマート技法を駆使し、輪郭線を曖昧にすることで柔らかな印象を生み出しています 1。
- 微妙な明暗のグラデーションにより、立体感と奥行きを表現しています 1。
- モデルの表情、特に謎めいた微笑みが印象的で、見る角度によって表情が変化して見えるという特徴があります 1 3。

構図と背景

- 三角形を基調とした安定感のある構図が用いられています 2。
- 背景には幻想的な風景が描かれており、遠近法を用いて奥行きが表現されています 1 4。

6

日常生活での活用

* 作品に関する基本的な情報を提供してくれます。作品名、作者、制作年、所蔵先といった基本情報から、作品の特徴や歴史的背景まで、幅広い情報を得ることができます。
* Pro版なら画像認識にも対応しており、作品画像から質問できます。美術館などの現地では、スマホアプリで写真を撮り、作品や作風について質問することもできます。

応用プロンプト

（画家名）の生涯と主要作品を教えて

（美術作品）の制作年と所蔵先を調べて

（美術作品）のモチーフや主題を教えて

（美術様式）の特徴を3つ挙げて

（美術用語）の意味を簡単に説明して

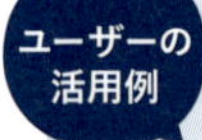

美術展の鑑賞ガイドとして活用

「美術館に行った際、解説にある難しい専門用語はもちろん、絵を観て感じた素朴な疑問もすぐに解決できるので重宝するようになりました。例えば、「女性のマントが青いのはなぜ」と入力すれば、「聖母マリアの象徴」と教えてくれます。ありがたいのは、疑問に思ったその場で確認でき、即座に回答が得られる点です。最近の美術展では音声ガイドも充実していますが、解説が長く、自分のペースで鑑賞できないことがあります。Perplexityを使うことで、より主体的に絵画鑑賞を楽しめるようになりました」（匿名）

健康情報を調べる

健康に関する情報を調べる際、「どの情報が信頼できるのか？」と不安に感じたことはないでしょうか。健康は非常にセンシティブな分野であり、古い情報や誤った情報を参考にするのはリスクが高いため、信頼性の高い情報を効率的に集めることが重要です。

Perplexityを使うことで、最新の健康情報を効率的に収集しつつ、根拠もしっかり確認できるので、自分にあったものだけをチョイスできます。当然ながら、情報源をしっかり確認し、信頼に足るものかどうかは自分で判断しましょう。

基本プロンプト

（症状や健康関連のキーワード）について教えて

実例

裏太ももの痛みについて教えて

ソース

ハムストリングスの痛みや張りの原因と治療 - 【世田谷区・三軒茶屋 ... r-chiro · 1

太ももの痛みがある場合、どの診療科を受診したらよいですか？ ubie · 2

太ももの裏側が痛い病気は坐骨神経痛や閉塞性動脈硬化症 ... - EPARK epark · 3

5 件をもっと見る

回答

裏太ももの痛みには様々な原因が考えられます。主な原因と症状、対処法について説明します。

主な原因

1. 坐骨神経痛
2. 筋肉の損傷
3. 閉塞性動脈硬化症

坐骨神経痛

坐骨神経痛は最も一般的な原因の一つです。

症状:

- お尻から太ももの裏側、ふくらはぎ、足にかけての痛みやしびれ
- 鋭い痛み、張り、冷感や灼熱感、締め付け感

原因:

- 腰椎椎間板ヘルニア
- 腰部脊柱管狭窄症

＊関連する健康情報の概要を教えてくれます。
＊関連質問や追加プロンプトで、より深い情報や対処法を聞くことも可能です。
＊各回答には情報源が示されているので、しっかり確認しましょう。
＊健康や医療に関する情報は個人差が大きいため、得られた情報はあくまで参考程度に留め、必要に応じて専門家に相談しましょう。

発展プロンプト

以下の症状の原因や理由を教えてください
（具体的な症状・状況）

実例

以下の症状の理由や原因を教えてください。

・座るとお尻〜太ももにハリがあって座りづらい
・立っているときは問題ない
・半年ほど同じ状況が続いている

プロサーチ

座ったときにお尻から太ももにかけてのハリの理由や原因を調べる

ソース

お尻のコリ（下半身のだるさ）- 鍼灸院なら一本鍼治療の上田端はり ...
hibiki-hari · 1

座っていると足が痺れる：梨状筋症候群の症状と治療
clinic.adachikeiyu · 2

ハムストリングスの痛みや張りの原因と治療 -【世田谷区・三軒茶屋 ...
r-chiro · 3

9 件をもっと見る

回答

お尻から太ももにかけてのハリや座りづらさには、いくつかの可能性が考えられます。半年も続いているとのことですので、以下の原因が疑われます:

可能性のある原因

梨状筋症候群

梨状筋症候群は、お尻にある梨状筋が硬くなったり、引き伸ばされたりすることで、その下を通る坐骨神経を圧迫する状態です 1 2。座っているときに症状が悪化するのが特徴で、立っているときは比較的問題がないことが多いです 4。

坐骨神経痛

坐骨神経痛は、坐骨神経が圧迫されることで起こる症状です。お尻から太ももの裏側、ふくらはぎにかけて痛みやしびれを感じることがあります 6。座位で症状が悪化することがあります。

長時間の座位による筋肉の緊張

デスクワークなどで長時間座っていると、お尻や太もも裏の筋肉が緊張し、血流が悪くなることがあります [5]。これにより、座っているときにハリや不快感を感じる可能性があります。

仙腸関節障害

仙腸関節に問題が生じると、お尻や太ももに痛みやハリを感じることがあります [6]。座位で症状が悪化することもあります。

対処法

1. 姿勢の改善: 座るときの姿勢を意識し、骨盤を立てて座るようにしましょう [5]。
2. ストレッチ: お尻や太もも裏の筋肉をストレッチすることで、緊張を和らげることができます [7]。
3. 適度な運動: ウォーキングなどの軽い運動で、筋肉の血流を改善させましょう [5]。
4. 座る時間の調整: 長時間座り続けず、定期的に立ち上がって体を動かすようにしましょう [5]。
5. クッションの使用: 座面が硬い椅子を使用している場合、適切なクッションを使用することで症状が改善する可能性があります [5]。

半年も症状が続いているとのことですので、自己対処で改善が見られない場合は、整形外科や専門医の診察を受けることをお勧めします。適切な診断と治療を受けることで、症状の改善が期待できます。

＊具体的な検索キーワードが思い浮かばなかったり、複数の症状がある場合には、上記のように列挙することで絞り込むことが可能です。

＊症状・状況が複雑な場合はプロ検索がおすすめです。

＊基本プロンプトと同様、参考として確認しつつ、必要に応じて専門家に相談しましょう。

応用プロンプト

（特定の病気や症状）の初期症状と進行過程を時系列でまとめてください。

（健康関連のトピック）に関する最新の5つの研究結果を要約してください。

（特定の健康問題）に効果的な食事療法と運動療法を具体的に教えてください。

（薬の名前）の主な効果と副作用、注意点をリストアップしてください。

（特定の症状）に対する西洋医学と東洋医学のアプローチの違いを比較してください。

健康分野の最新トレンドを知る

「米国で最近話題になっている自分（個人）でできる片頭痛の最新の治し方を教えてください」「医療機器や薬を使わない治療法を教えてください」などと質問することで、知らなかった治療法や色々な視点に気づくことができました。特に、表示された回答の下に、関連する質問が数個出てくるので、その中から自分が考えていなかった内容を選び、さらに深掘りしていくと、役に立つ情報を見つけたり、知識を増やせる可能性が高くなります。PerplexityはChain of Thought Promptingで、最初のプロンプト文から結果に行き着くための複数の思考ステップを考えて検索しますが、それでも、役立つ情報を得るためには、少なくとも3、4回質問を繰り返した方がよいと感じています。健康に限らず、とにかく”最新”のことを調べるにはまずPerplexityを使って、関連質問なども利用して、新しいことに気づき・学ぶこと。これはこれからの時代を先取りするために、価値あることだと思います」（匿名）

最も有利な保険適用範囲を調べる

「年金しか受給していない親が入院した場合の、医療費の限度額と介護保険での割引の認定について詳しく教えてもらった。条件として、世帯状況、世帯内に住民税を納めている人がいるかいないか、年齢、年間の収入を入力し、最も有利となる保険適用範囲について調べた。年金収入のみの親を同一世帯にしておくと、損する結果になっていることがよく理解できた。介護保険についても同様の割引があることがわかり再申請をした。また、Perplexityを利用するにあたってスマホを使った音声入力が大変有効であることがわかった。質問をだらだらと音声入力してもちゃんと答えを返してくれて大変助かっている」

（建設コンサルタント　川野）

政治の情報を調べる

選挙の季節が近づくと、各候補者の政策や過去の実績を調べたくなります。しかし、日々忙しい中で、自分だけで調べるのはなかなか大変です。複数の新聞やシンクタンクの報告書を読み比べるだけでも、相当な時間がかかってしまいます。

Perplexityを使うことで、最新の政治情報を効率的に収集し、必要な形式で整理・分析することができます。複数の情報源から得られたデータを、AIが整理して提供してくれるので、政治動向の把握や分析が格段に容易になります。

基本プロンプト

（選挙の内容・エリア）の候補者をリストアップし、各候補者について表形式で説明して

実例

総裁選の候補者をリストアップし、各候補者について表形式で説明して

ソース

自民党総裁選挙2024 候補者プロフィール -総裁選 - NHKニュース
www3.nhk.or · 1

自民党総裁選挙2024 推薦人一覧 - NHKニュース
www3.nhk.or · 2

【全編ノーカット】"党再生" 信頼回復への道は？自民党総裁選 候補 ...
khb-tv.co · 3

4 件をもっと見る

回答

自民党総裁選の候補者と各候補者の情報を表形式でまとめました。

候補者名	年齢	所属派閥	主な経歴	特徴・政策など
高市早苗	63	無派閥	経済安全保障担当相	保守的な政治信条で知られる。経済安全保障に注力 1。
小林鷹之	49	二階派	前経済安全保障担当相	比較的若手の候補者 5。
林芳正	63	旧岸田派	官房長官	危機管理能力と決断力が評価される 3。
小泉進次郎	43	無派閥	元環境相	最年少の候補者。改革派のイメージ 5。
上川陽子	71	旧岸田派	外相	最年長の候補者 5。

6 日常生活での活用

＊特定の選挙区やエリアの候補者リストを作成してくれます。
＊表形式で整理する内容を指定することで、自分が知りたい観点で情報をまとめてくれます。

基本プロンプト2

（選挙候補者）について、考え方・政策・これまでの経歴・過去の業績を教えて

実例

小泉進次郎について、考え方・政策・これまでの経歴・過去の業績を教えて

ソース

小泉進次郎 - Wikipedia · ja.wikipedia.org
小泉 進次郎（こいずみ しんじろう、1981年〈昭和56年〉4月14日 - ）は、日本の政治家。自由民主党所属の衆議院議員（5期）、衆議院安全保障委員長、自…

進

7 件をもっと見る

回答

小泉進次郎は、日本の政治家として注目を集める人物です。以下に彼の経歴、政策、考え方、そして主な業績をまとめます。

経歴

小泉進次郎は1981年4月14日に神奈川県横須賀市で生まれました [1] [2]。元首相の小泉純一郎を父に持つ政治家一家の4代目として知られています [1]。

主な学歴は以下の通りです：

- 関東学院六浦小・中・高等学校卒業
- 関東学院大学経済学部卒業
- 米国コロンビア大学大学院政治学部修了 [2]

政界入りは2009年の第45回衆議院議員総選挙で、神奈川11区から出馬し初当選を果たしました [1]。

政策と考え方

小泉進次郎の政策と考え方は、環境問題と経済の両立、社会保障改革、そして民主主義の価値を重視する点が特徴的です。

環境と経済の好循環
環境大臣としての経験を活かし、環境と経済の好循環を生み出すことを目指しています [5]。

社会保障改革
人生100年時代を見据え、個人の多様な生き方に合わせた制度設計を重視しています [5]。

民主主義の価値
国会改革や選挙応援を通じて、日本の民主主義のあり方を考え、その価値を世界に訴える役割を担おうとしています [5]。

主な業績

1. 環境大臣・原子力防災担当大臣として2年間務め、脱炭素社会への移行を推進 [3]。
2. ゼロカーボン自治体の拡大、石炭火力輸出方針の見直し、2030年46%削減（50%の高みを目指す）目標の設定など、環境政策の推進 [3]。

＊特定の候補者について知ることができます。
＊各情報源を確認したり、関連質問を見ることで、理解を深めることもできます。

発展プロンプト

（選挙の内容・エリア）の候補者について、「私のポリシー」に誰が一番近いかを教えて
私のポリシー
（自分自身の考え方）

実例

総裁選の候補者について、「私のポリシー」に誰が一番近いかを教えて

私のポリシー
・規制を緩和し、成長路線にしてほしい
・若者の活躍を支援してほしい
・国際化や移民などを積極的に支援してほしい

Sources

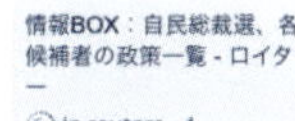

自民党総裁選（2024）：立候補者のプロフィール - nippon.com
nippon · 2

【自民党総裁選】誰に何を期待する？ 立候補は史上最多の9人 政治 ...
fukui-tv.co · 3

Answer

あなたのポリシーに最も近い候補者は、河野太郎氏と小泉進次郎氏であると考えられます。以下に、それぞれの候補者の政策とあなたのポリシーとの関連性を説明します。

河野太郎氏

河野太郎氏は、あなたのポリシーに最も近い候補の一人です。

規制緩和と成長路線
河野氏は規制改革担当相を務めており、規制緩和に積極的な姿勢を示しています 1 。これはあなたの「規制を緩和し、成長路線にしてほしい」というポリシーと一致します。

若者支援
河野氏はデジタル相としての経験を活かし、デジタル化を推進することで若者の活躍を支援する可能性が高いです 1 。

国際化
外相経験者として、国際化に対する理解が深いと考えられます 1 。

小泉進次郎氏

小泉進次郎氏も、あなたのポリシーに近い候補者です。

若者支援と改革
小泉氏は「既得権益の範囲内でしか政策や改革が進められない自民党を変えていかなければならない」と訴えており 5 、若者の活躍を支援する姿勢が見られます。

＊各候補者を調べるだけでなく、さらに一歩進んで「自分自身の考え方に誰が近いか」までAIが評価してくれます。

＊通常検索だと情報範囲が狭いので、各候補者の主張・考え方まで調べてもらうにはプロ検索を使うことをおすすめします。

＊もちろんAIの回答は完璧ではないので、根拠を確認し、本当に妥当かどうかは自分で判断しましょう。

応用プロンプト

（特定の政治家）の経歴と主要な政策スタンスを時系列でまとめてください。

最近の国会での議論のトピックを重要度順にリストアップし、各トピックの概要を説明してください。

（法案や制度）について、賛成派と反対派の主張を比較し、表形式でまとめてください。

（特定の政策課題）について、主要政党の立場を比較し、その違いを説明してください。

最近の世論調査結果を分析し、有権者の主な関心事項とその変化を示してください。

選挙の候補者の過去履歴を洗い出す

「該当する選挙を指定して、その候補者のリストアップしてもらった上で、気になる候補者の過去の不祥事やスキャンダル、公約の達成状況などを教えてもらった。忘れた頃の不祥事などを思い出せるし、公約がどうなったかも自分で調べるのは大変なため投票に使う際にとても便利。大事な判断材料になるので、選挙の際にはみんな使うべきだと思う」（匿名）

7

Perplexityの高度な機能

本章では、Perplexity をより便利に活用するために、高度な機能を解説します。関連する検索履歴をまとめて整理できる「スペース」、AI への事前指示が可能な「プロフィール設定」、独自のウェブページを生成できる「Pages」の他に、2024 年 10 月にリリースされた機能「自社データ検索(Internal Knowledge)」をご紹介します。

スペース

スペース機能は、関連するスレッド（検索や会話の履歴）をグループ化し、整理するためのツールです。この機能を使うことで、特定のトピックやプロジェクトに関連する情報を一箇所にまとめることができます。さらに、スペース単位でカスタムプロンプト（スペース内で共通して設定できるプロンプト。都度入力する必要がないのでラク）を設定できる点も大きな特徴です。

スペースの機能&使い方

スペースを作る

スペースを作るには、左サイドバーの「スペース❶」を押し、画面内にある「スペースを作成する❷」を押します。

スペース作成画面を開き、以下を入力します。

タイトル❸　スペースの名前（例：AIの活用方法、企業を調べるなど）。

絵文字❹　後から判別しやすくするため。

説明❺　スペースの使い方や意図を確認しやすくするため。

AIモデル（有料版のみ）❻　利用するAIモデルを選択できます。

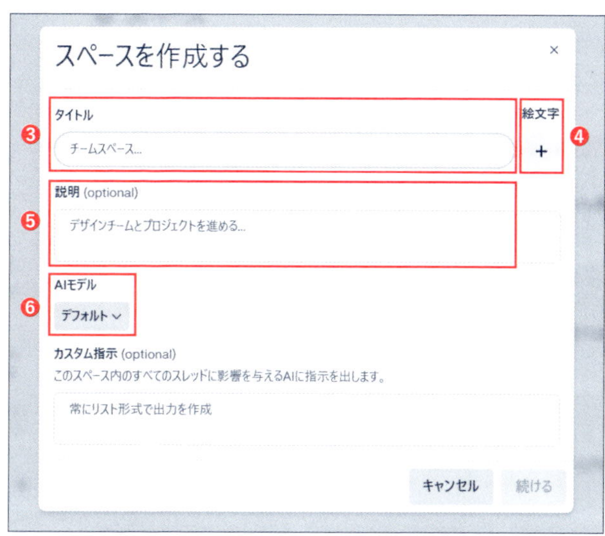

スペースの詳細設定

スペースの詳細設定画面では、以下の設定が可能です。

手順内のAIプロンプト❼　そのスペース内での共通の指示。例えば出力形式を指定しておくと、そのスペース内では設定が反映される。ChatGPTのGPTs（事前にプロンプトを設定できる機能）に似た機能です。

ファイル（有料版のみ）❽　ファイルを追加すると、そのスペースの中での検索では、追加したファイルも検索対象にできる。社内データや、自分が作った文書などを検索範囲に使いたい場合に便利。

共有❾　「共有可能」または「シークレット」。共有可能にするとURLだけでスペース内がすべて見られてしまうため、気になる人は「シークレット」に設定しましょう。

「共有」から閲覧相手を制限できる

スペースから検索する

「私のスペース」から1つ選びクリックすると、次ページのようなスペース画面が表示されます。画面中央の「新しいスレッド⑩」に入力した検索は、自動的にこのスペースの中に保存されます。先ほど設定したAIプロンプトも、この画面から検索する際に反映されます。

また本画面の下部では、過去の検索一覧が表示されます。

ちなみに私は下の画面をブラウザのブックマークに登録し、すぐにページを開けるようにしています。

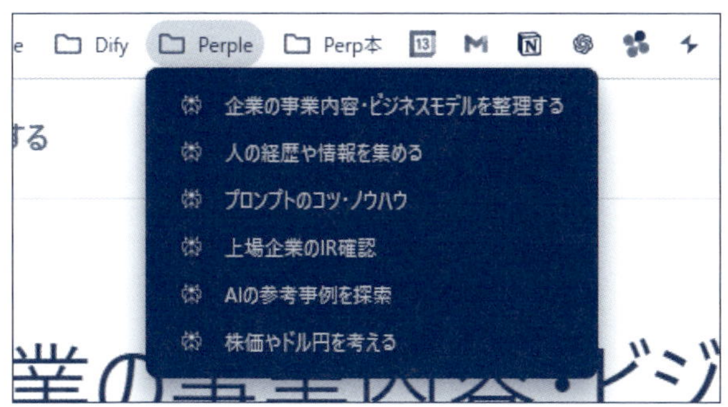

スペースを編集・削除する

スペース画面の右上の「…」を押すと、「スペースを編集」と「スペースを削除」の選択肢が表示されます⓫。前者では「手順」と同じ設定画面が表示されるので、タイトル・AIプロンプトなどを変更できます。

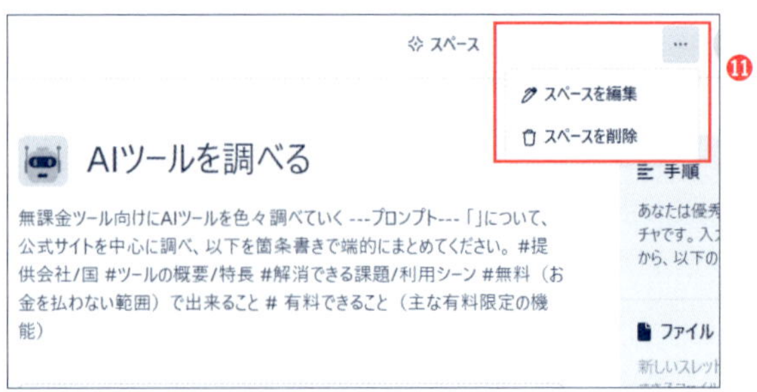

スペースを共有する

スペースの結果一覧はまとめて共有できます。画面右上の「共有」ボタンを押すと、リンクがコピーされます。

リンクを開くと、右画面のように過去の履歴がまとめて共有されます。なお、共有された側（見る側）は、過去履歴を確認できるだけで、スペースに追加することはできません。

スペースに追加する

特定の検索結果を後からスペースに追加することもできます。

スペースに追加されていない検索の場合、画面最上部の真ん中に「＋スペース⑫」と表示されています。

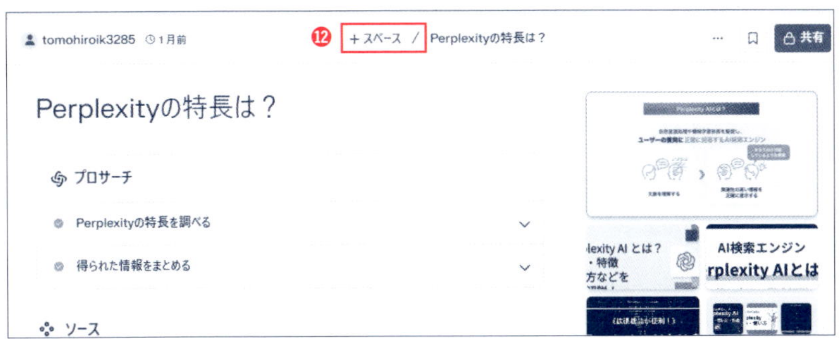

「＋スペース」をクリックすると、以下の画面から作成済みのコレクションに追加したり、新たなスペースを作成したりできます。

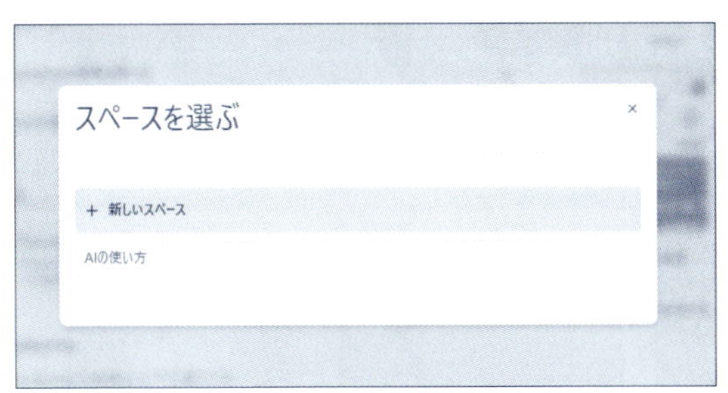

【追記】スペースは「ドメイン指定」などの新たな機能も追加されています。この機能を使うことで「特定サイトのデータから回答するチャット」「特定の人物を模したチャット」なども作ることができます。

様々な活用方法を右のQRコードの先にスライドでまとめています。

設定・プロフィール（AIへの事前指示）

設定画面では、外観や言語、入力データの学習利用の可否、プロフィール設定（AIへの事前指示）などが設定できます。

左サイドバーの下部、ユーザ名の横にある設定アイコン❶を押すと、設定画面に遷移します。

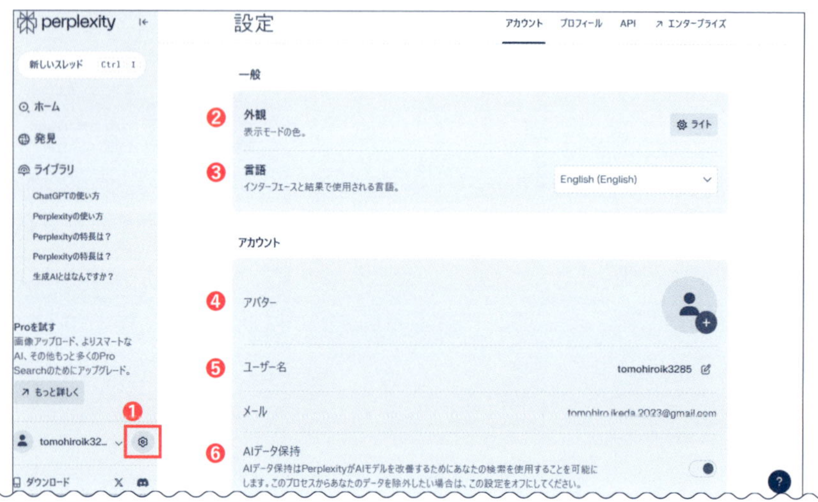

主な項目は以下のとおりです。

外観❷　ライトモードかダークモードか。

言語❸　Perplexity画面や検索結果に表示される言語。

アバター❹　プロフィール画像。

ユーザー名❺　検索結果やコレクションを共有した場合に表示される名前。

AIデータ保持❻　入力内容を学習に利用するかどうか。オフにすると学習利用されない。

アカウントの削除　Perplexityを解約しデータを削除。設定画面の下方にあり。

Pro版では、さらに以下の項目を設定可能です。

AIモデル　GPT-4oやClaude3.5などのAIモデルを選択可能。

画像生成AIモデル　DALL-E3やFLUXなどの画像生成AIモデルを選択可能。

また、画面右上の「プロフィール❼」を押すと、以下の項目を設定できます。

AIへの指示　全検索に共通した指示・要望を設定可能。

場所　住んでいる場所。

優先応答言語　回答で利用してほしい言語。

私はAIへの指示には、画面の例のように2つを記載しています

＊日本語での回答：英語圏の情報を調べる場合に英語回答になってしまうケースがあるが、この記載をすることで日本語回答にしやすくする（「優先応答言語」とも重複していますが、一応記載しています）

＊追加質問は前回の回答を前提に：Perplexityは、スレッド内で質問すると前の回答を忘れて新たに回答しがちなので、この記載をすることで関連しやすくする（とはいえ、この指示も完璧ではないと思っているので、必要な際は明示的に「上記について」とも記載しています）

Chrome拡張機能

PerplexityのChrome拡張機能を使うと、開いているページ内の要約ができたり、サイト（ドメイン）内の検索を簡単に行うことができます。

まずはChromeブラウザから、Chromeウェブストアを開いて「Perplexity」を検索します。そこから画面右の「Chromeに追加❶」を押してインストールしましょう。

すぐに利用できるように、PerplexityのChrome拡張機能を表示しておきます。ブラウザの画面右上にある拡張機能ボタンを押すと、インストールしているChrome拡張機能の一覧が表示されるので、「Perplexity」の横にあるピンを選択します。これでいつでも利用可能です。

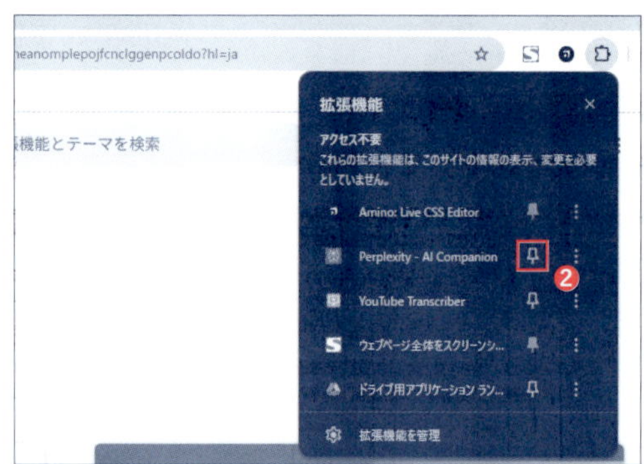

特定のウェブサイトでPerplexityのChrome拡張機能ボタンを押すと、以下の2つの選択肢が表示されます。

Summarize（内容の要約）❸

質問の入力ボックス❹

質問の入力ボックスの下にある「Fucus❺」を押すと、以下を選択できます。

AI　インターネット全体から検索。

This Domain　ウェブサイト全体から検索。

This Page　開いているページから検索。

「This Domain」は、そのウェブサイトだけに絞って質問できるので便利です。

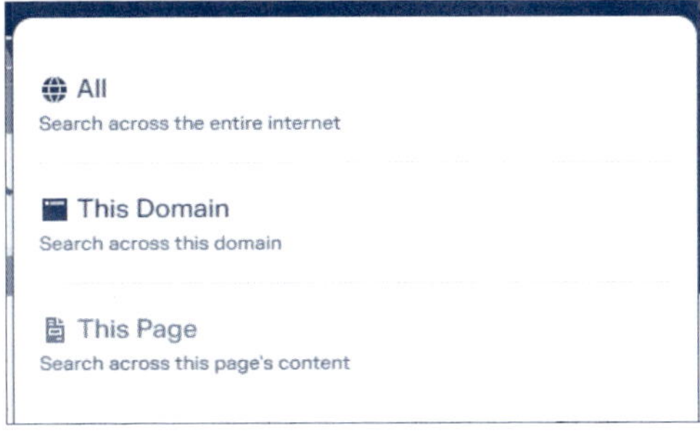

Pages

Perplexityの「Pages」機能は、特定のテーマに関するウェブページを自動生成するツールです。Pagesでのページ作成はPro版限定の機能ですが、「探索」などで他のユーザーが作成したページは見ることができます。

Pagesの新規作成

左サイドメニューの「ライブラリ❶」を押します。Pro版だと、ページの真ん中に「ページ+❷」と書いてあるボタンが表示されます。

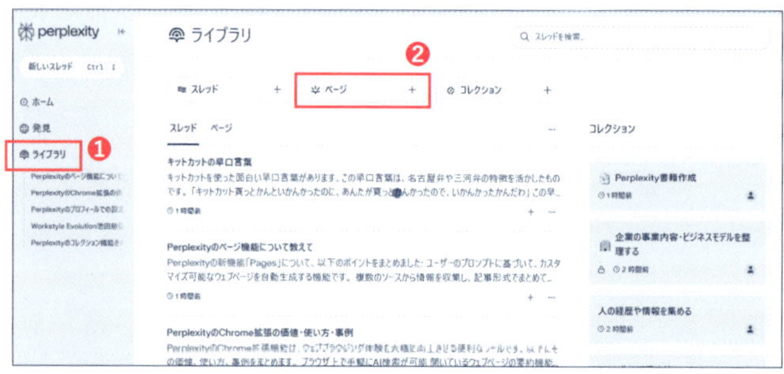

ページ作成画面では最初に以下のことを入力します。

＊画面上部のタイトル部分「あなたのページは何についてですか？」：テーマ

＊「観客」のプルダウン：「全員」「初心者」「専門家」に表現レベルを設定❸

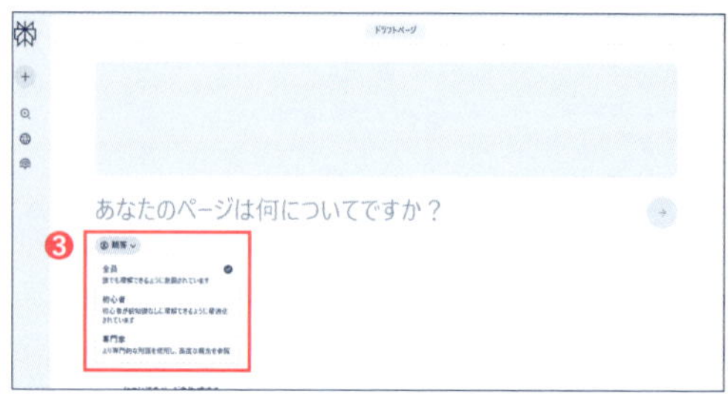

例えば「Perplexityのビジネス活用」を「初心者」向けにまとめると、以下のような初期ページが生成されます（なお、これは本当に偶然ですが、表紙画像には私のYouTube動画のサムネイルが表示されました）。

ここから「セクションを挿入❹」「メディアを追加❺」などでページを自由に拡充することができます。

「セクションを挿入」を押すと、テーマを入力することができます。また、上部のアイコンで、表現形式を変更できます。

＊左上：テキスト／メディア❻

＊真ん中：文章段落／表／箇条書き❼

＊右側：簡潔／詳細❽

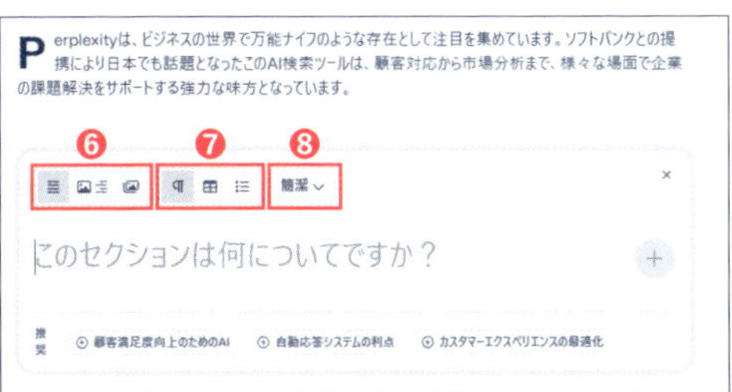

「営業におけるPerplexityの活用事例」というテーマを入力しつつ、「テキスト＋メディア」「表」「詳細」を選択しました。すると次ページのようなコンテンツを数十秒で作成してくれます。

Perplexityは、ビジネスの世界で万能ナイフのような存在として注目を集めています。ソフトバンクとの提携により日本でも話題となったこのAI検索ツールは、顧客対応から市場分析まで、様々な場面で企業の課題解決をサポートする強力な味方となっています。

＋ セクションを挿入

営業力アップの秘訣

Perplexity AIは、営業活動においても強力なツールとして活用できます。以下の表は、営業プロセスの各段階におけるPerplexity AIの具体的な活用事例をまとめたものです。

【参考】営業スキル体系

変更

sherpaworks.jp

営業プロセス	Perplexity AIの活用事例
見込み客の発掘	業界トレンドや潜在顧客の特定、競合他社の分析を行い、ターゲットリストを作成 1 2
事前調査	顧客企業の最新ニュース、財務情報、経営課題などを迅速に収集し、営業戦略を立案 3
提案資料作成	顧客のニーズに合わせた製品情報や事例を整理し、説得力のある提案書を効率的に作成 4
商談準備	想定される質問や反論に対する回答を事前に用意し、商談シナリオをシミュレーション 5
フォローアップ	商談後の議事録作成や、次のアクションプランの提案を支援 2
市場動向分析	最新の業界ニュースや競合情報を常にモニタリングし、営業戦略の適時更新を支援 1 3

Perplexity AIを活用することで、営業担当者は情報収集や資料作成にかかる時間を大幅に削減し、より多くの時間を顧客との直接的なコミュニケーションに充てることができます。例えば、新規顧客へのアプローチ前に、Perplexity AIを使って企業の最新情報や業界動向を素早く把握することで、的確な切り口で商談を進められるようになります 2 。

Pagesの公開・共有

Pagesは作成途中では「非公開」になっています。画面右上の「公開⑭」ボタンを押すと、作成したページを誰でも閲覧できるようになります。

公開したページは、Perplexity内や検索エンジンでも探せるようになります。テーマによっては、数千・数万ビューの閲覧数になるケースもあるようです。

またURLを同僚やクライアントに共有することもできます。

匿名で利用（保存せずに利用）

たまには、あえて利用履歴を残さず、こっそりと調べたいシーンもあると思います。その際は、匿名モード（インコグニート）を利用しましょう。画面左下のユーザー名をクリックすると、「インコグニート❶」という選択肢が表示されます。ちなみにインコグニートはイタリア語で「身分を隠す」「匿名」という意味のようです。

このモードに切り替えると、ライブラリが使えなくなります。また検索結果のスレッドは24時間で自動的に消去されます。

インコグニートを利用した状態の画面

キーボードショートカットとヘルプ

Perplexityには以下のキーボードショートカットがあります。「新規スレッド」や「生成を停止」などは覚えておくと便利です。

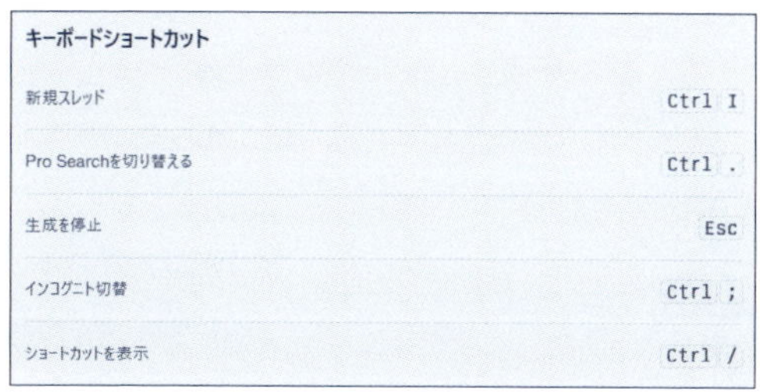

キーボードショートカット

新規スレッド	Ctrl I
Pro Searchを切り替える	Ctrl .
生成を停止	Esc
インコグニート切替	Ctrl ;
ショートカットを表示	Ctrl /

なおショートカットや使い方のヘルプは、画面右下の「?❶」アイコンを押すといつでも確認できます。

自社データの利用（Internal Knowledge）

2024年10月のアップデートで、エンタープライズプランにおいて、自社データを事前にPerplexityに登録すると、そこも検索対象にできるようになりました。

この進化により、「AIの知識」「検索での外部データ」「社内データ」の3つを統合した回答を作成できるようになり、Perplexityの価値がさらに高まることが期待されます。

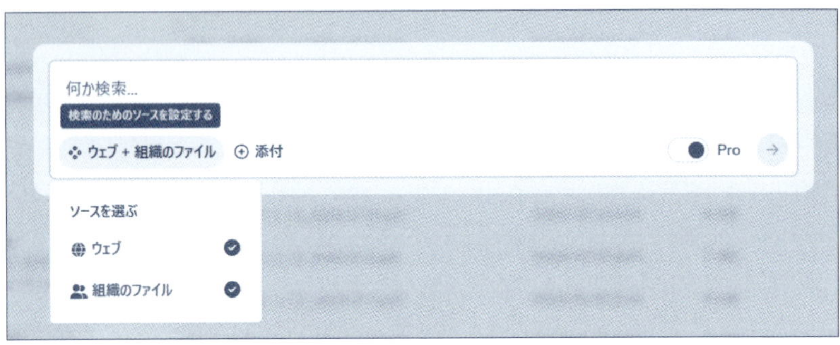

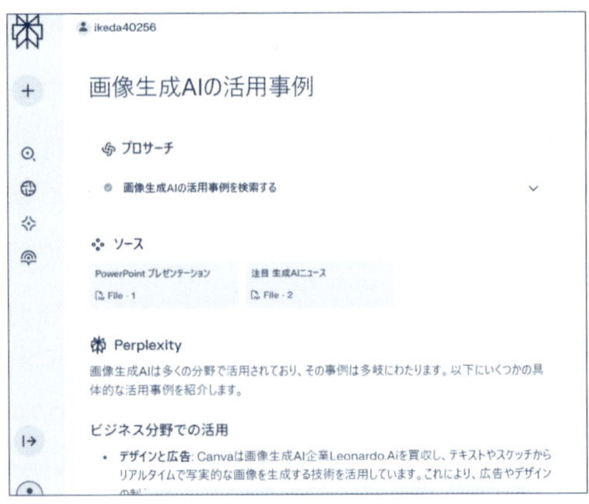

ソースにアップロードしたファイルが含まれる

Perplexityの公式デモ動画では、この機能を使い、以下のような質問をしている例が紹介されています。これらの質問に対して、検索データと自社データを使って瞬時に回答できる世界がもう来ています。

* 自動運転技術を研究しているので、私たち自身の研究結果とウェブ上の最新の注目すべき発展から重要なポイントを教えてください。
* 社内のフィードバックチャネル（サポートチケットやアンケートなど）およびWebサイト上のフォーラムから、新しいタスク自動化機能に関する肯定的および否定的なコメントの要約を行ってください。
* 私たちの施策を、競合会社とのベストプラクティスと比較してください。表形式で要約してください。
* これまでの契約に基づく当社の標準的な補償条項は何ですか？ もし存在する場合、そのバリエーションを列挙してください。
* ある企業と提携を検討しています。過去の類似企業との提携に基づき、提案を作成してください。

8

Perplexityと他の生成AIツールの併用

Perplexityは、他の生成AIツールを組み合わせることで、さらにパワフルに活用できます。ChatGPTやClaudeとの相互補完的な活用、NotebookLMによる特定情報の深い分析との併用、Mapify（マインドマップ）をつかった視覚的整理などを、実際の活用例を交えた実践的なノウハウをお伝えします。

ChatGPT／Claudeとの併用

様々な生成AIツールがあり、機能や能力も重複は大いにあります。とはいえ「餅は餅屋」で、それぞれに得意な能力があります。まずは、最も有名な生成AIであるChatGPTやその競合サービスのClaude（クロード）を、私がどのようにPerplexityと併用しているかをご紹介します。

ChatGPT／Claudeとの違い

Perplexityは、生成AIと検索エンジンを融合させたもので、主な強みはここまで紹介した通りです。

リアルタイムのウェブ検索機能　Perplexityは常に最新の情報にアクセスできます。これは、急速に変化する分野や最新のニュースに関する質問に対して特に有効です。

情報源の透明性　Perplexityは回答の中で引用元とリンクを提供します。これにより、ユーザーは情報の出どころを確認し、必要に応じてさらに詳しく調べることができます。

一方、ChatGPTやClaudeは、次のような強みを持っています。

高度な言語理解と生成能力　これらのAIは、複雑な質問を理解し、詳細で文脈に即した回答を生成することができます。最近では数万文字であっても何の問題もなく処理できます。

特化型AIの作成　ChatGPTのGPTs機能や、ClaudeのProjects機能を使用すると、特定の分野や用途に特化したAIアシスタントを作成できます。

特化型AI作成の機能

特化型AIの作成に関して、ChatGPTのGPTsとClaudeのProjectsを知らない人もいると思うので説明します。

ChatGPTのGPTsは、ユーザーがある目的や分野に特化したAIアシスタントを作成できます。GPTsでは、AIの役割、知識ベース、応答スタイルなどをカスタマイズでき、さらに外部ツールとの連携も可能です。2023年11月にリリースされ、すでに世界中で何百万ものGPTsが作られています。スマホのアプリストアのようにGPT Storeというサービスがあり、他の人が公開したサービスを利用することもできます。

ChatGPTのGPTs　https://chatgpt.comより有料版で使用可能

GPT Store　https://chatgpt.com/gpts

ClaudeのProjectも同様の機能で、2024年6月にリリースされました。GPTsと異なり、現状は外部ツールとの連携やGPT Storeのようなプラットフォームはありませんが、おそらく今後拡充されていくでしょう。

ClaudeのProjects　https://claude.aiより有料版で使用可能

GPTsもProjectsも有料版限定の機能ですが、非常に便利です。ぜひ自分の業務に適したものを作り、日々の業務の効率化に活用していきましょう。

Claudeとは？　ChatGPTとの違いは？

ChatGPTについてはご存じの人がほとんどだと思いますが、Claudeについても改めて補足します。

Claudeは、アメリカのAnthropic（アンスロピック）というベンチャー企業がリリースしたチャット型AIサービスです。ChatGPTと同様にテキスト生成や対話が可能です。

ChatGPTと比べるとグローバルでも利用者は少ないのですが、生成AIに使い慣れた人の中では「ChatGPTよりも日本語性能が高い」「ミスが少ない」と評価されることが多く、ChatGPTではなくClaudeをメインに利用している人も少なからずいます。

右ページの図は、私が2024年7月に独自調査したデータです。ChatGPT、Claude、そしてGoogleのGeminiの3つをすべて使ったことがある人に「最も優れていると思う生成AIチャットボットは？」と質問したところ、1位はClaudeでした。なおPerplexityはこの調査では3位でした。人によって利用用途が異なり、感じ方にも差があるため、あくまで参考程度ではありますが、この結果については私は「玄人はClaude（クロード）」と理解しました。実は本書の執筆においても、文章作成アシスタントとしてメインで利用しているのはClaudeです。

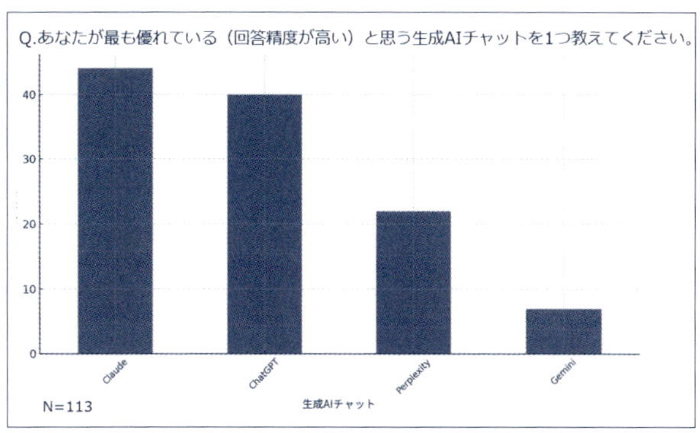

ChatGPT／Claudeとの併用例

これらのツールの強み・違いを活かし、実際に私がどのように併用しているかを紹介します。

本書の多くのパートは、以下のプロセスで執筆しています。私は前述の理由でClaudeを愛用していますが、ChatGPTやGeminiを使ってももちろんまったく問題ありません。

①主なテーマやメッセージを考える【池田】

⬇

②テーマ・メッセージの関連情報を集めて整理する【Perplexity】

⬇

③内容や根拠を確認し、メモ帳で構成をまとめる【池田】

⬇

④文章素案を作成する【Claude(Projects機能)】

⬇

⑤Googleドキュメントにコピペし、内容をチェックする【池田】

⬇

⑥文章をファクトチェックする【Perplexity】

実際の画面イメージを見ながら確認していきましょう。

①主なテーマやメッセージを考える【池田】

まずはスプレッドシートの目次上で、各節の主な内容を考えます。もちろん頭の中に「これを伝えたい」というメッセージはあるのですが、最初の段階ではこの程度のアウトプットです（もっと少ない場合もあります）。

節ID	節	主な内容
8-1	ChatGPT/Claudeとの併用	・生成AIにより強み・特長は異なる ・Perplexityの裏側は、ChatGPTやClaudeと同じAIモデルを使っているが、やはり検索での情報収集がメイン ・他方、ChatGPTやClaudeは、検索情報収集がないので、最初に与えられた情報の処理に特化している ・またChatGPTにはGPTs、ClaudeにはProjectsという便利機能がある ・Perplexityで情報収集し、GPTsやProjectsで処理

Googleスプレッドシートを使用

②テーマ・メッセージの関連情報を集めて整理する【Perplexity】

次にPerplexityで、このテーマ・メッセージに関連する情報を調べつつ、内容を考えていきます。

実際に使っているプロンプトは以下のとおりです。下線部の内容を毎回変えています。またできるだけ幅広く調べてほしいので、プロ検索を利用します。

「Perplexity最強のAI検索術」という書籍を作るため、今回は「8-1 PerplxityとChatGPT/Claudeとの併用」の内容・構成を作成したいです。
「# 現状の想定」も参考に、情報をできるだけ詳しく調べ、教えてください。
箇条書きで具体的に作成まとめてください。
見出しも作ってください。
現状の想定
・生成AIにより強み・特長は異なる
・Perplexityの裏側は、ChatGPTやClaudeと同じAIモデルを使っているが、やはり検索での情報収集がメイン
・他方、ChatGPTやClaudeは、検索情報収集がないので、最初に与

えられた情報の処理に特化している
・またChatGPTにはGPTs、ClaudeにはProjectsという便利機能がある
・Perplexityで情報収集し、GPTsやProjectsで処理

すると、Perplexityが以下のように情報をまとめてくれます。

1. 各AIの特徴と強み
- Perplexity:
  - 最新のWeb情報を含む広範な検索能力 [1] [6]
  - 複数のAIモデル（GPT-4, Claude, DALL-E等）を統合 [13]
  - 情報源の明示による高い信頼性 [7] [11]
- ChatGPT:
  - 自然言語処理と文章生成に優れている [1] [10]
  - GPTs機能による拡張性 [12]
- Claude:
  - 長文の処理や複雑なタスクの遂行に強い [15]
  - Projects機能によるワークフロー管理 [16]

2. AIモデルの共通点と相違点
- 共通点:
  - 大規模言語モデルを基盤としている [1] [2] [15]
  - 自然言語での対話が可能 [10] [15]
- 相違点:
  - Perplexityは最新Web情報にアクセス可能 [6] [7]
  - ChatGPTとClaudeは与えられた情報の処理に特化 [10] [15]

3. Perplexityを活用した情報収集
- Web検索の効率化:

この回答を見ながら、気になる点をピックアップして、文章案をテキストで作りつつ、また根拠を確認して自分自身も学びを深めていきます。

途中で気になる点があれば、関連質問や追加プロンプトを使い、どんどん確認していきます。例えば、次ページの画面は「GPTsとProjectsってそういえばいつリリースだっけな？」と思っての確認の質問です。

Perplexityを使うことによって、自分が知っていることの裏づけや整理は当然のこと、知らなかった派生知識や細かい点までも、根拠がある形で確認していけるのは非常に役に立ちます。

GPTsとClaude Projectsはいつリリースされた？

プロサーチ

Search for the release date of GPTs feature in ChatGPT

Search for the release date of Claude Projects feature

ソース

ChatGPT — Release Notes - OpenAI Help Center
help.openai · 1

When Will ChatGPT-5 Be Released (Latest Info)
explodingtopics · 2

ChatGPT-5 is coming: New Features, Release Date, and ... - ITTA
itta · 3

5 件をもっと見る

Perplexity

GPTsとClaude Projectsのリリース日について、以下の情報が確認できます:

GPTs:
GPTs (GPT Store)は2023年11月6日に発表され、その後2023年11月下旬にリリースされました [1]。OpenAIのCEOであるSam Altmanは、GPTsを「ChatGPTのカスタムバージョンを作成する新しい方法」として紹介しています。

Claude Projects:

③内容や根拠を確認し、メモ帳で構成をまとめる【池田】

さてPerplexityが様々な情報を教えてくれますが、実際に文章として使うパートは当然ながら一部で、そのまま使うことはほぼありません。この「選ぶ力」こそ、AI時代に人間に求められる最も重要な能力の1つです。

実際に今回の場合、以下のように要旨をまとめました。

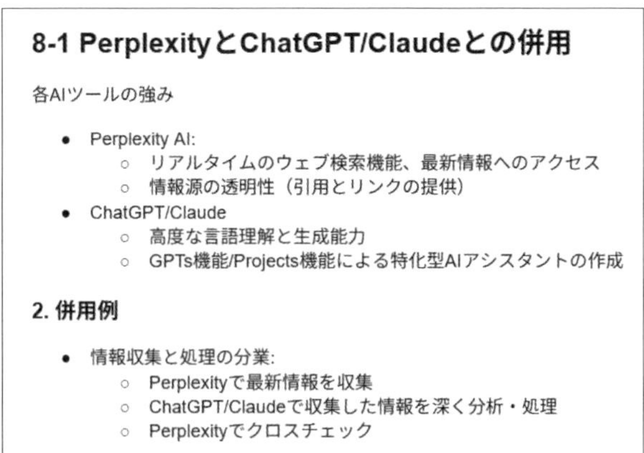

8-1 PerplexityとChatGPT/Claudeとの併用

各AIツールの強み

- Perplexity AI:
  - リアルタイムのウェブ検索機能、最新情報へのアクセス
  - 情報源の透明性（引用とリンクの提供）
- ChatGPT/Claude
  - 高度な言語理解と生成能力
  - GPTs機能/Projects機能による特化型AIアシスタントの作成

2. 併用例

- 情報収集と処理の分業:
  - Perplexityで最新情報を収集
  - ChatGPT/Claudeで収集した情報を深く分析・処理
  - Perplexityでクロスチェック

④文章素案を作成する【Claude(Projects機能)】

次に前ページ下の要旨をもとに、文章ドラフトを作成します。

「Perplexityでも文章化はできるのに、なぜわざわざClaudeを使うの？」と疑問に思う人もいらっしゃると思います。理由は、自分らしい文章案を作るには、しっかりと定義・要望・参考例などを伝える必要があり、それを行うのはPerplexityよりもClaudeやChatGPTといった「特化型AI」の機能が適しているからです。

実際に、本書を執筆するにあたり、私が作っているClaudeのProjectsの定義をご紹介します。

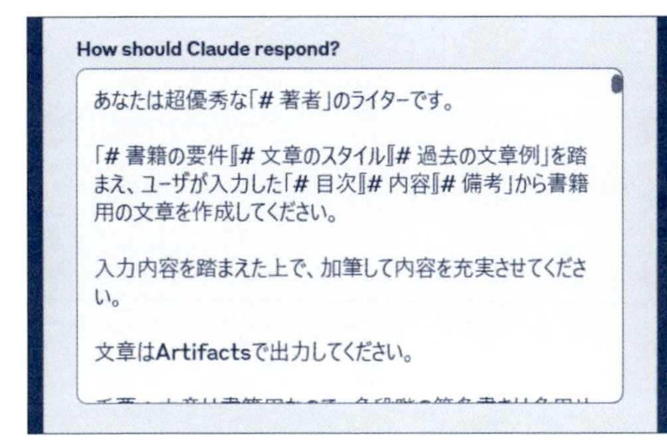

ClaudeのProjects作成画面

Projectsの中では「custom instructions」としてプロンプトを定義できます。この中で、以下の内容を定義しています。

＊書籍の要件❶

＊著者❷

＊文章のスタイル（抽象的な要件）❸

＊過去の文章例（具体例）❹

実際のプロンプト全文を次ページで紹介するので、ぜひ参考にしてください。ちなみに最初からこのプロンプトだったのではなく、実際にドラフトを作ってもらいながらイマイチな点を都度プロンプトに反映し、調整を重ねて実用性を高めています。また目次は実際の書籍とは異なりますが、それは目次自体も作りながら見直しているためです。

あなたは超優秀な「# 著者」のライターです。
「# 書籍の要件」「# 文章のスタイル」「# 過去の文章例」を踏まえ、ユーザが入力した「# 目次」「# 内容」「# 備考」から書籍用の文章を作成してください。
入力内容を踏まえた上で、加筆して内容を充実させてください。
文章はArtifactsで出力してください。
重要：文章は書籍用なので、多段階の箇条書きは多用せず、文章を中心にしてください。
重要：強調（**）は使わない。
重要：箇条書きは1階層にする（2階層以上に深い箇条書きは避ける。2階層になる場合は見出しを活用する）

❶ # 書籍の要件
タイトル
Perplexity 最強のAI検索術

概要
Perplexity AIは、生成AIと検索エンジンを融合させた革新的なサービスとして急速に注目を集めています。
ソフトバンクとの提携により、有料版（3万/年）がソフトバンク系ユーザは1年無料など、これからの成長が期待されます。
ChatGPT系の書籍は飽和状態にありますが、Perplexityに特化した出版物はまだなく、いち早く書籍として包括的な活用方法を提案することで、高い需要が見込めると考えていあす。

ターゲット
- AI技術に興味のあるビジネスパーソン
- 効率的な情報収集を求める研究者や学生
- 最新のテクノロジートレンドに関心のある一般読者

書籍の目次
0 はじめに
1 Perplexityの魅力とは？
1-1 Perplexityとは何か？
1-2 Perplexityはなぜ人気か？
1-3 Perplexityの基本機能
1-4 PerplexityとChatGPTの違い
1-5 Perplexityとソフトバンクの提携
1-6 機密情報や個人情報の扱い

2 Perplexityの基本機能と操作
2-1 会員登録
2-2 質問（プロンプト）
2-3 ソースの確認
2-4 追加で質問
2-5 共有
2-6 検索範囲の絞り込み
2-7 プロ検索
2-8 スマホアプリ
2-9 無料版と有料版の違い
2-10 ソフトバンク系ユーザの場合の登録方法
2-11 プロンプトのポイント
(ChatGPTのプロンプトとの違い)

3 ビジネスの情報収集・分析での活用
3-1 企業情報を調べる
3-2 市場を調べる
3-3 競合を調べる・比較する
3-4 論文を調べる
3-5 人物を調べる
3-6 人物へのインタビュー項目を作成する
3-7 ビジネス用語を調べる
3-8 ツールを調べる・比較する
3-9 顧客への提案の作成
3-10 見積概算の作成
3-11 製品開発の競合調査する
3-12 ビジネスフレームワークを使う
3-13 法律や規制を調査する
3-14 判例を調べる

4 コンテンツ制作での活用
4-1 文章案を作る
4-2 SEOコンテンツを作る
4-3 ファクトチェックする
4-4 最新情報を反映した企画を作る
4-5 クリエイティブなブレインストーミング
4-6 ビジュアルコンテンツの企画
4-7 コンテンツパーソナライゼーション

5 学習での活用
5-1 未知の情報を調べる
5-2 ツールの使い方を調べる
5-3 科学現象のメカニズムを調べる
5-4 説明資料・教材を作る
5-5 学校を調べる
5-6 国別の状況を比較する
5-7 自分用の学習プランを作る

6 日常生活での活用
6-1 商品探し
6-2 プレゼント探し
6-3 知られざる人気商品探し
6-4 料理と食生活の改善
6-5 旅行プランの作成
6-6 医療情報を調べる
6-7 DIY
6-8 選挙の候補者の過去履歴洗い出し
6-9 医療保険・介護保険の確認

7 Perplexityの高度な機能
7-1 コレクション
7-2 プロフィール
7-3 AIモデル変更
7-4 ページ

8 Perplexityと他の生成AIの比較・併用
8-1 Geminiとの違い
8-2 Copilotとの違い
8-3 Google Overviewとの違い
8-4 Google Notebook LMとの違い
8-5 PerplexityとChatGPTの併用
8-6 Perplexityの本質はインターネット×RAG

9 Perplexity時代の働き方・未来
9-1 生成AI時代の新しい働き方
9-2 Perplexityの拡大戦略
9-3 生産性アップに向けた生成AI活用の2つのサイクル
9-4 生成AI時代の倫理
9-5 生成AI時代に求められる人間の能力とは

❷ # 著者
池田朋弘
株式会社Workstyle Evolution代表取締役。1984年生まれ。早稲田大学卒業。2013年に独立後、連続起業家として、計8社を創業、4回のM＆A（Exit）を経験。起業経験と最新の生成AIに関する知識を強みに、ChatGPTなどのビジネス業務への導入支援、プロダクト開発、研修・ワークショップなどを数十社以上に実施。著書『ChatGPT最強の仕事術』は3.3万部を突破。YouTubeチャンネル「リモートワーク研究所」では、ChatGPTや最新AIツールの活用法を独自のビジネス視点から解説し、チャンネル登録数は10万人超（2024年7月時点）。

❸ # 文章のスタイル
1. 明確な構造
- 段落ごとに明確なテーマがある
- 箇条書きを効果的に使用して情報を整理している

2. 読者に寄り添う語り口
-「皆さんも～ではないでしょうか」のように、読者の立場に立った表現を使用
-「～しましょう」など、読者を導く言葉遣いがある

3. 具体例の活用
- 抽象的な概念を説明する際に、具体的な数字や事例を用いている
- 読者にとって身近な例を挙げて理解を促している

4. 専門用語の解説
- 新しい概念や専門用語を導入する際に、簡潔な説明を付け加えている

5. 論理的な展開
- 課題提起→解決策→具体的な方法という流れで論理を展開している
- 各セクションが互いに関連し、全体として一貫性のある内容になっている

6. 親しみやすい表現

- 堅苦しくない、日常会話に近い表現を使用している
- 必要に応じてカタカナ語を使い、現代的な印象を与えている

7. 著者の経験を織り交ぜる
- 著者自身の経験や実績を紹介し、信頼性を高めている

8. 読者の疑問を先取りする
- 想定される疑問や反論を先に提示し、それに対する回答を用意している

9. 実用的なアドバイス
- 理論だけでなく、実際に役立つ具体的なアドバイスを提供している

10. 時事的な話題の活用
- 最新のトレンドや話題（ChatGPTなど）を取り上げ、内容の新鮮さを保っている

❹ # 過去の文章例
承知しました。内容を変更せずに、文章を整形いたします。以下が整形された文章です：

「働き方改革」が叫ばれる中、長時間労働の是正・生産性向上・働きがいの追求などが同時に求められています。労働時間が限られる一方で、求められる仕事の内容はより高度かつ専門的になり、複雑性を増し、しかも環境の変化が非常に激しいのが今という時代です。
皆さんも、次のようなさまざまな業務を同時にこなす必要があり、時間との戦いに日々苦労されているのではないでしょうか。

● 事業、新規ビジネス、顧客ニーズに関するリサーチ業務
● 新たな企画の立案やアイデア出し
● 数値計画の立案
● 業務分析、業務効率化のための仕組み作り
● 日々のビジネス文書の作成、チェック、添削
● 海外からの情報収集、外国語の翻訳やチェック

このような中、新しい働き方を実現する手段として「AIの活用」があります。AIを使うことで、時間と労力を節約して業務の効率化を図り、同時に業務クオリティ自体も向上させることで、働き方改革を実現することができます。
その AIの中でも、いま最も注目されているのが生成AIの「ChatGPT」です。ビル・ゲイツをして「私の人生の中で、GUI（グラフィック・ユーザインターフェース）に次ぐ、2回目の革命」と言わしめ、ある研究では「ChatGPTは、8割の職種で業務の10%に影響を及ぼし、2割の職種では業務の50%に影響する」と言われるほど、人類の仕事を大きく変える可能性があるツールとして話題になっています。
ChatGPTのリリースは2022年11月ですが、そこからわずか1年足らずで、ChatGPT（やそのほかの生成AI技術）の業務活用により、次のような成果が共有されています。

● 文章作成の効率が1.6倍になり、かつクオリティも高くなった
● カスタマーサポートでの対応速度が1.3倍になり、かつ顧客の評価も上がった
● 業務プロセスの生産性が3倍になった
● これまで5日かかっていた仕事が半日で終わるようになった

ただし一方で、次のようなネガティブな声も耳にします。

● ChatGPTはすごそうだけれど、具体的に何ができるかよくわからない
● ChatGPTを使ってみたけれど、通りいっぺんの回答しか出なくて幻滅した
● ChatGPTは間違った情報を回答することがあるので信用できない

こうした声があがる理由は「ChatGPTがどんな業務でどう活用できるか」がうまく伝わっていないからです。ChatGPTの適切な活用シーンと活用方法を知ることで、多くの方の仕事の生産性を高め、より生き生きと仕事ができるようサポートするのが本書の目的です。
本書は、よくある「ChatGPTの使い方＆マニュアル」ではなく、「ChatGPTの業務での活かし方」という実践的な視点で構成しました。また、現時点のChatGPTは、非常に有用で使えるシーンがある一方で、まだまだ未熟だったり能力が至らない点も多々あります。
そのため、適切な期待値で活用できるように、各章で「今の業務の課題」→「ChatGPTでできること（課題解決）」→「現在のChatGPT・AIではまだできないこと」という整理をしたうえで、具体的な使い方を提案するようにしています。
私は、起業家としてこれまでに8社の創業を経験しています。うち1社は、フルリモートワークで社員数50名ほどの規模の会社となり、東証プライム上場の株式会社メンバーズにM＆Aでグループ化しました。そのご縁もあり、2021年3月末まではメンバーズの執行役員としても携わってきました。
このような起業経験から、これからのリモート時代（終身雇用が前提でなく、自律分散型の新しい働き方が当然の時代）における仕事とコミュニケーションの仕方を発信すべく、2022年1月からYouTubeチャンネル「リモートワーク研究所」を開始しました。
2023年1月にChatGPTを取り上げたところ、非常に多くの反響をいただき、リモート時代に不可欠なツール＆社会トレンドとして生成AI関連情報を中心に発信しています。チャンネル登録数は2023年1月時点で6000人程度でしたが、2023年6月には5.5万人を超えました。

ChatGPTに質問＆依頼するにあたって次の4つのことを心得ておきましょう。
1. 質問文が大事（プロンプト・エンジニアリング）
2. 手軽な質問と本格的な質問を使い分ける
3. 無茶ぶりしてもOK
4. 回答を鵜呑みにしない

それぞれ見ていきましょう。

1. 質問文が大事（プロンプト・エンジニアリング）
ChatGPTを活用するには、質問の仕方が非常に大切です。この質問の仕方を「プロンプト・エンジニアリング」といいます。これからはプロンプト・エンジニアリングのスキルの市場価値が高まるといわれています。すでにアメリカでは、プロンプト・エンジニアリングの仕事で年収5000万円の求人が出ているそうです。ChatGPTをはじめとする生成AIの力をしっかりと引き出すためには「どのような質問をすれば正しい答えを得られるのか」「どのように依頼すれば独創的なアイデアを得られるのか」を知っている必要があります。

2. 手軽な質問と本格的な質問を使い分ける
ChatGPTを有効に活用するには、質問＆依頼の内容が大切ですが、常に質問内容を作り込む必要はありません。いちいち作り込んでいたら時間と手間がかかってしまいます。たとえ簡単な質問であっても、ChatGPTはそれなりの回答を返してくれます。これがChatGPTのすごさであり良い点です。
ですから、最初は「○○を教えて」程度の簡単な質問からはじめて、回答に対してさらに質問＆依頼を繰り返して、条件を絞り込んでいくことで、少しずつ詳しい回答を引き出すようにするといいでしょう。試行錯誤を繰り返すことで、質問（プロンプト）と回答の質を上げていきましょう。

3. 無茶ぶりしてもOK
ChatGPTはAIであり、ただの「ツール」です。チャットでやりとりしていると、ついつい人間に質問するときと同じように遠慮してしまう人もいますが、その必要はまったくありません。納得のいく回答が返って来なければ、何度聞き返してもいいし、無茶ぶりをしてもOKです。
あるエンジニアが「ChatGPTに質問するのは、人に質問するより安心」という話をしていました。上司や同僚に何度も質問したり、説明を求め続けるのには勇気がいりますが、AIならば何度聞いても怒られることありません。AIは「何でもできる魔法のツール」ではありませんが、「何度でも質問に答えてくれる忍耐強いツール」ではあるのです。

4. 回答を鵜呑みにしない
ChatGPTは、明らかな事実誤認を含む回答や、文脈がずれている回答など、適切でない回答が返って来ることがよくあります。しかも厄介なことに、間違えていても正解のごとく堂々と回答してきます。
そもそもChatGPTは、質問＆依頼の内容を本当に理解しているわけではなく、「この文章であれば、おそらく次はこれだな」と確率論にのっとって自動的に回答しているだけなので、正確な回答が返って来るとは限らないのです。また、その都度回答を生成しているので、同じ質問をしても、合っていることもあれば間違えていることもあります。
そのため、「間違いだらけで使いものにならない」と言う人もいます。しかし、それは非常にもったいないことです。間違えていることもあるという前提で利用して、最終判断は自分で下せばいいだけの話です。人間が数日、数時間かかるような作業を数分、数秒でやってくれるわけですから、使わない手はありません。"""

ここまで定義すると、最初の文章ドラフトもそこそこレベルが高いものができます。とはいえ、期待値としては60〜70点程度。あくまで下書きであり、ここからしっかり自分の目でチェックしていきます。

さらに細かいノウハウではありますが、本書を作る上では、以下の3つのClaudeのProjectsを作っています。

①書籍ライター　汎用的な文章作成。

②書籍ライター（事例解説特化）　第3章〜6章までの事例パートに特化。プロンプトの中の参考文章などを事例に向けてカスタマイズ。

③書籍ライター（事例の導入文）　第3章〜6章の文章のうち、導入パートの文章だけに特化。元々は②で作っていたが、似たような構成で味気なかったので、③を新たに作成し、導入パートだけを刷新した。

このように「文章を作成する」といっても、用途やパターンなどは多数あるので、それぞれに適した「特化型AI」を作る方が精度が上がるわけです。

また、これも補足ですが、実は上記と同様のChatGPTのGPTsも作成しています。ClaudeもChatGPTも利用制限があるため、あまり高頻度で使っていると、利用できなくなることがあります。本書執筆中も、Claudeを高い頻度で利用していたら制限に引っかかり、その時間はChatGPTのGPTsを代用しました。

本書執筆時点では下記のような利用制限があります。この数値は今後変わると思いますので、目安としてご覧ください（言わずもがな、このような確認もPerplexityで行っています）。

＊ChatGPTのGPT-4oの利用：3時間ごとに80メッセージ

＊Claudeの利用：5時間ごとに少なくとも45通（長さによる）

⑤Googleドキュメントにコピペし、内容をチェックする【池田】

下書きはGoogleドキュメントにペーストし、ここから自分の目でチェック・編集していきます。

Googleドキュメントを使うことで、編集者や関係者とオンラインでリアルタイムに共有でき、また校正・チェックもスムーズにできます。本書では、担当編集者にこのドキュメントを共有し、私が書き上げた原稿をチェックしてもらいました。

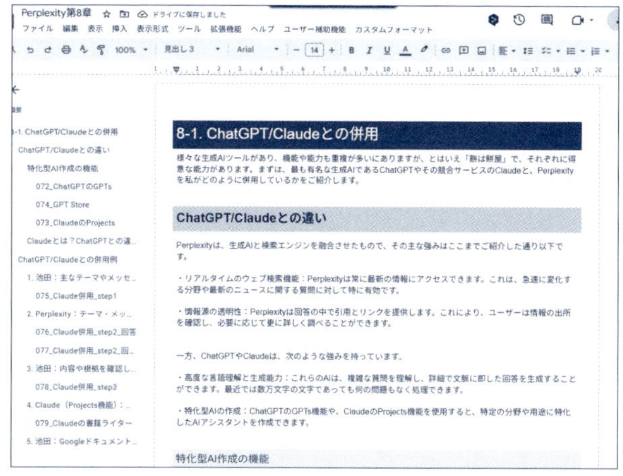

Googleドキュメントを使用

⑥文章をファクトチェックする【Perplexity】

このようにして文章を書き終えるわけですが、Googleドキュメントに自分自身で手を加えていく中で「書いてある内容は本当に合ってるかな？」と不安に思う点がいくつか出てきます。

そういった部分について、本書の第4章で紹介した「ファクトチェック」ツールとしてPerplexityを活用します。

以下の文章内容をファクトチェックして。

特化型AIの作成に関して、ChatGPTのGPTs（ジーピーティーズ）とClaudeのProjectについて、ご存知がない形もいらっしゃると思うので説明します。
ChatGPTのGPTsは、ユーザーが特定の目的や分野に特化したAIアシスタントを作成できます。GPTsでは、AIの役割、知識ベース、応答スタイルなどをカスタマイズでき、さらに外部ツールとの連携も可能です。2024年1月にリリースされ、すでに世界中で何百万ものGPTsが作られています。スマホのアプリストアのように「GPTs Store」というサービスがあり、他の人が公開したサービスを利用することもできます。

ClaudeのProject機能も同様の機能で、2024年6月にリリースされました。GPTsと異なり、現状は外部ツールとの連携やGPT Storeのようなプラットフォームは対応していませんが、おそらく今後拡充されていくでしょう。

Claudeは、Anthropic（アンスロピック）というベンチャー企業がリリースしたチャット型AIサービスです
ChatGPTと同様にテキスト生成や対話が可能です。

ChatGPTと比べるとグローバルでも利用者は少ないのですが、生成AIに使い慣れた人の中では「ChatGPTよりも日本語性能が高い」「ミスが少ない」と評価をしている人が多く、ChatGPTではなくClaudeをメインサービスとして利用している方も少なからずいます。

なお実際に本節の内容を確認すると、初稿段階ではGPTsのリリース日にミスがありました。「GPTs」は2023年11月だったという指摘です❶。この指摘が妥当かどうかは当然ながら根拠を確認し、妥当な指摘であれば修正します。実際、根拠を確認したことにより、2024年1月リリースは「GPT Store」だったことが判明しました。

Perplexity

この文章の内容をファクトチェックした結果、以下のように修正・補足が必要です:

1. GPTsのリリース日:
   正確には2023年11月6日に発表され、2023年11月下旬にリリースされました❶ [1]。2024年1月ではありません。
2. ClaudeのProjects機能のリリース日:
   正確には2024年6月25日にリリースされました [3]。
3. Claudeの開発企業と機能:
   Anthropicによる開発と、テキスト生成や対話が可能という点は正確です [8]。
4. Claudeの評価:
   「ChatGPTよりも日本語性能が高い』ミスが少ない」という評価は、一部のユーザーの主観的な意見であり、客観的なデータに基づく評価ではありません。ただし、Claude 3.5 SonnetがGPT-4を含む競合モデルを多くの評価でアウトパフォームしているという報告はあります [5]。
5. GPTsとClaudeのProjects機能の比較:
   GPTsには外部ツールとの連携やGPT Storeがあるという記述は正確です。ClaudeのProjects機能については、現時点で外部ツールとの連携やストア機能がないという記述も正確です [3] [4]。
6. Claudeの利用者数:
   ChatGPTと比べて利用者が少ないという記述は、具体的な数字は示されていませんが、一般的な認識としては正確と言えます。

全体として、主要な情報は概ね正確ですが、一部の日付や評価に関する記述には注意が必要です。また、AIの性能評価は急速に変化する可能性があるため、最新の情報を参照することが重要です。

本書はこのようにPerplexityとChatGPT／Claudeを併用することで、スムーズに執筆作業を進めることができました。

実は私は本書で3冊目の出版です。2020年に出した最初の書籍『テレワーク環境でも成果を出す チームコミュニケーションの教科書』（マイナビ出版刊）ではすべて自分の手で執筆をしていました。当時は初稿を書き切るのに、週末をすべて潰して2ヶ月ほどかかったと記憶しています。

一方でAIをフル活用している本書は、なんと2週間足らずで初稿を書き切ることができました。しかも単に既存知識をアウトプットするだけではなく、様々な情報源や活用例を新たに確認・収集し、ファクトチェックまで行っており、内容の精度・密度も高いと思っています。

AIをフル活用する人（本書での私）と、自分だけの力で頑張ってしまう人（1冊目の私）とで、雲泥の差がついていることを改めて実感しました。

NotebookLM（深掘りAI）との併用

NotebookLM（ノートブックエルエム）は、Googleが開発した特定のデータソースの理解を深めるためのAIツールです。Perplexityと併用することで、より高度な情報分析が可能になります。

NotebookLMの概要

NotebookLMは、GoogleのAI言語モデル「Gemini」を搭載したAIツールです。

以下の特徴を持っています。

多様な文書を登録　PDFやメール、議事録などさまざまな形式のドキュメントを知識源として読み込むことができます。

豊富なソース登録　1つのNotebookあたりに最大50個のソース（PDF、テキスト、URL）を登録できるため、幅広い情報を一元管理できます。Notebookはいくつでも追加できます。

AIでの自動分析　アップロードした文書の要約、重要トピックの抽出、関連質問の生成を行います。

AIによる回答生成　ユーザーの質問に対し、アップロードした文書に基づいた回答を生成します。

無料利用　2024年10月時点では無料で利用可能です。有償のビジネスプランもこれから発表予定です。

次ページは、NotebookLMに、生成AIの生産性に関する3つの論文データ（PDF）を登録した上で、「生成AIが生産性にどのような影響を与える？」とチャットで質問した回答画面です。

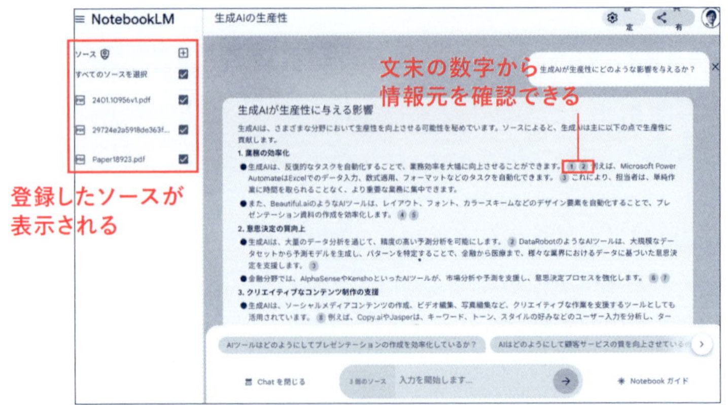

NotebookLMの作業画面　https://notebooklm.google.com

回答結果には、Perplexityと同じく①②のようにソースへのリンクがついています。Perplexityの場合には「インターネット上の情報」が根拠ですが、NotebookLMの場合は「アップロードした情報」が根拠になります。例えば①を押すと、以下の画面左のようにアップロードしたファイルのどこがソースかを確認できます。

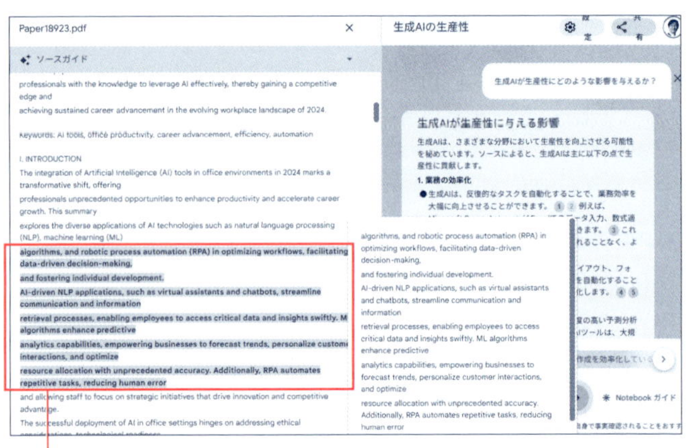

「広大なインターネットの情報から探す」というPerplexityと「自分がアップロードした特定の情報から探す」というNotebookLMは、一見真逆のようなツールですが、どちらも「何が根拠かを確認できる」という点では共通しています。

PerplexityとNotebookLMの併用メリット

PerplexityとNotebookLMを組み合わせると、幅広く情報を収集しつつ、特定の情報についてより深く考察することができます。

例えば「生成AIが文章作成に与える影響」というテーマで、どのように併用するかを実際に試してみましょう。

まずPerplexityで質問します。しっかり考察するため、フォーカス機能で「学術」に絞り、アカデミックな情報に限定して調べます。

ソースエリアの「5件をもっと見る❶」を確認すると、8つの論文データがありました。

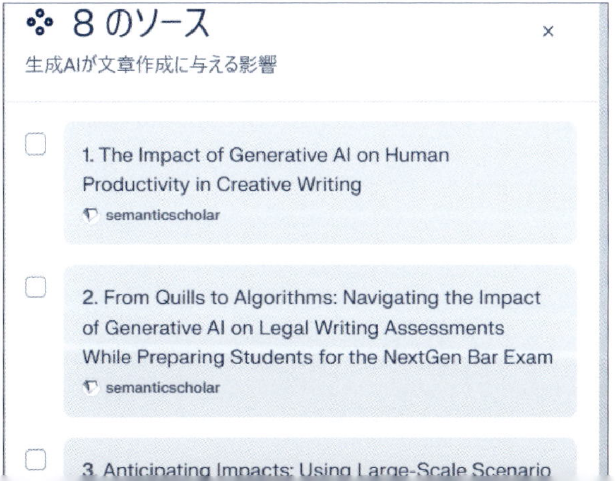

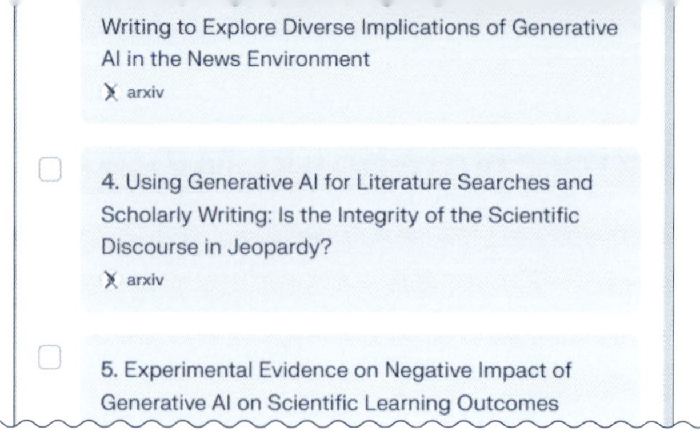

うち7件の英語論文のPDFをダウンロードし、NotebookLMに登録します。

画面右下の「ノートブックガイド❷」を押すと、下記画面のようなメニューが表示されます。「作成のサポート❸」にある5つのメニューは以下の通りです。

よくある質問　ソースから、8つのQ&Aを生成。
学習ガイド　ソースから1問1答や論文形式の問題を生成。
目次　ソースの目次を生成。
タイムライン　時系列で流れを生成。
ブリーフィング・ドキュメント　要約を生成。

ここでは「ブリーフィング・ドキュメント」と「よくある質問」を見てみましょう。メニューを選ぶと生成が始まります。

「ブリーフィング・ドキュメント」は、下記のようにソースを横断した要約が生成されます。全体感の把握に役立ちます。

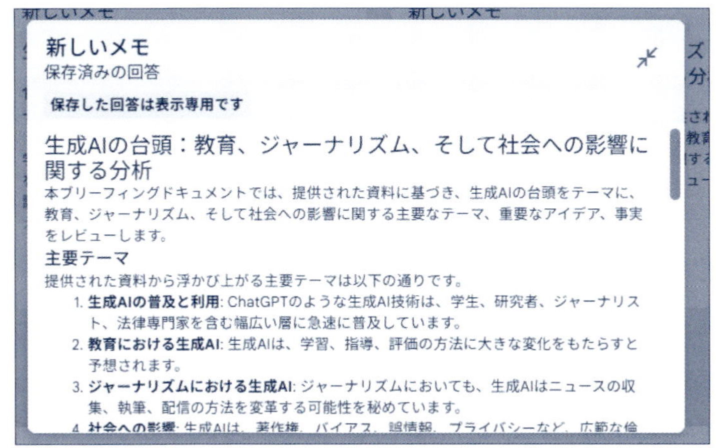

「よくある質問」は、8つのQ&Aが生成されます。ここで生成されるQは非常に精度が高く、個人的にはこのパターンを最もよく使っています。

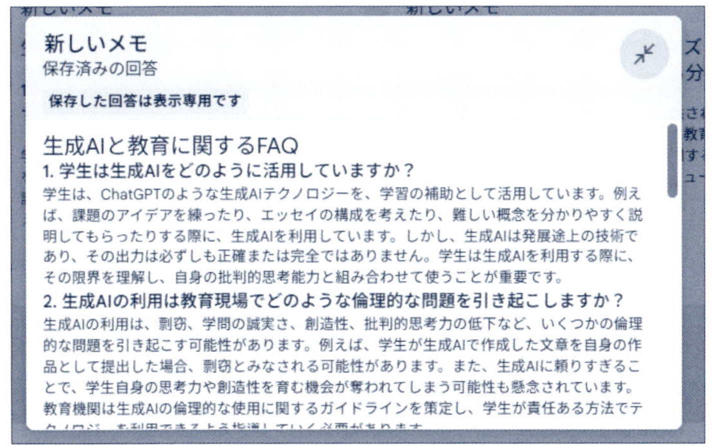

また、画面下部の入力ボックス❹から、チャットで自由に質問することもできます。先ほどのPerplexityの回答結果では、文章作成の生産性への影響について、「文法や綴りのエラーが減少し、文章作成にかかる時間が

短縮され、生産性を向上させる可能性がある」といった回答がありましたが、NotebookLMで改めて深掘りします。

「生成AIの文章作成の生産性への影響は？」と質問すると、下記のような回答が得られました。Perplexityとは異なり、NotebookLMは「アップロードしたデータだけを対象に読み込んで回答する」ので、より深い回答が得られています。

生成AIの文章作成における生産性への影響

生成AIは文章作成の生産性を向上させる可能性を秘めていますが、その影響は複雑で多岐にわたります。以下に、ソースに基づいて生成AIの文章作成における生産性への影響を考察します。

生産性向上の可能性

- 生成AIは、文章の生成、要約、翻訳、校正など、様々なタスクを自動化することで、文章作成プロセスを効率化し、時間を短縮できます。 [1] [2] [3]
- 特に、大量のテキストデータを扱う場合や、反復的な作業が多い場合に効果を発揮します。 [4]
- 例えば、学生は生成AIを用いることで、課題のフィードバックを得たり、学習リソースにアクセスしたりする時間を短縮し、学習内容に集中できます。 [5] [6]
- また、生成AIは、創造的なアイデアの創出や、新しい視点の提供にも役立ちます。 [7] [8]

学習効果への懸念

- 一方で、生成AIへの過度な依存は、学生の思考力や理解力を低下させる可能性も指摘されています。 [6] [9]
- 生成AIが生成した文章を無批判に受け入れることで、学生自身の批判的思考能力や問題解決能力が育たない可能性があります。 [8] [10]
- また、生成AIによって生成された文章の質や正確性は、必ずしも保証されているわけではありません。 [2] [11] [12]
- 学生は、生成AIが生成した文章を適切に評価し、修正する能力を身につける必要があります。 [13] [14]

教育現場における課題

- 生成AIの利用は、教育現場における評価方法や倫理的な問題にも影響を与えます。 [9] [14]
- 学生が生成AIを用いて課題を作成した場合、その評価は誰が、どのように行うべきか、という問題が生じます。 [14] [15]
- また、生成AIの利用は、剽窃や不正行為につながる可能性も孕んでいます。 [9] [10]
- 教育機関は、生成AIの適切な利用方法に関するガイドラインを策定し、学生への指導を行う必要があります。 [14] [16]

社会全体への影響

- 生成AIの文章作成における生産性への影響は、教育現場だけでなく、社会全体にも波及します。 [1] [17]
- 生成AIは、ジャーナリズム、マーケティング、法律など、様々な分野で文章作成に利用され始めています。 [1] [14] [18]

さて、この中で思考力や理解力を低下させるという気になる記載があります。さらにチャットで「なぜ生成AIを利用すると、思考力や理解力を低下させる可能性があるのか？」と聞いてみます。

右ページのように、アップロードした論文を根拠として、詳細を説明してくれます。

生成AI利用による思考力・理解力低下の可能性

生成AIの利用が思考力や理解力の低下につながる可能性がある理由は、主に以下の3つの点にあります。

- **批判的思考の阻害:** 生成AIは、ユーザーの指示に従って文章を作成するため、ユーザー自身が深く考えたり、多角的な視点から情報を分析したりする機会が減る可能性があります。[1] [2] [3] 生成AIによって提供された情報を鵜呑みにし、その正確性や妥当性を検証せずに受け入れることが習慣化すると、批判的思考能力が育ちにくくなる可能性が懸念されます。[4] [5]
- **受動的な学習の促進:** 生成AIは、大量の情報を瞬時に処理し、ユーザーの求める情報を提供することができます。[6] [7] しかし、この利便性が裏目に出て、ユーザーが受動的な学習姿勢に陥ってしまう可能性も孕んでいます。[1] [8] 自ら情報を探し、整理し、理解するプロセスを経験せずに、生成AIに頼ってしまえば、真の理解には繋がりにくいでしょう。[2] [8] [9]
- **創造性の低下:** 生成AIは、既存のデータに基づいて文章を生成するため、真にオリジナリティの高いアイデアを生み出す力は、依然として人間に委ねられています。[3] [7] 生成AIに頼りすぎてしまうと、自分自身の発想力や表現力を磨く機会が減り、創造性の低下に繋がる可能性も否定できません。[5]

上記の点に加えて、生成AIの利用によって、**学生が課題を深く理解することなくこなしてしまう** 可能性や、**AIが生成した文章をそのまま自分のものとして提出してしまう** といった倫理的な問題も懸念されています。[10] [11] [12]

生成AIは、使い方次第で学習や仕事の効率を大幅に向上させることができる強力なツールです。しかし、その利便性にのみ目を奪われ、思考停止に陥ることなく、**生成AIと適切な距離感** を保ちながら利用していくことが重要です。

メモに保存

このように、Perplexityで調べた特定テーマの情報源・ソースを、NotebookLMに登録して深掘りしていくことで、その論点について深い理解・考察をしやすくなります。Perplexityでは「鳥の目」として広い視野で情報収集して外観を把握しつつ、NotebookLMでは「虫の目」として特定の論拠をより深く考えられるわけです。

Mapify（マインドマップAI）との併用

Perplexityでの根拠の確認や、回答内容の理解を進めるために、マインドマップをAIで作るサービス・Mapify（マッピファイ）との併用もおすすめです。

マインドマップとは

マインドマップは、アイデアや情報を視覚的に整理する手法です。中心に主要なテーマやトピックを置き、そこから枝分かれする形で関連する情報やアイデアを配置していきます。この表現方法には以下のような利点があります。

＊全体像を俯瞰できる
＊アイデア間の関連性が明確になる
＊理解し、伝えやすくなる

従来、マインドマップは手書きや専用のソフトウェアで作成していましたが、最近ではAIの力を借りて自動的に生成できるようになっています。そこで登場するのが、Mapifyです。例えば下の図は、本章の「PerplexityとChatGPT／Claudeの併用」の内容をMapifyとして表現したものです。

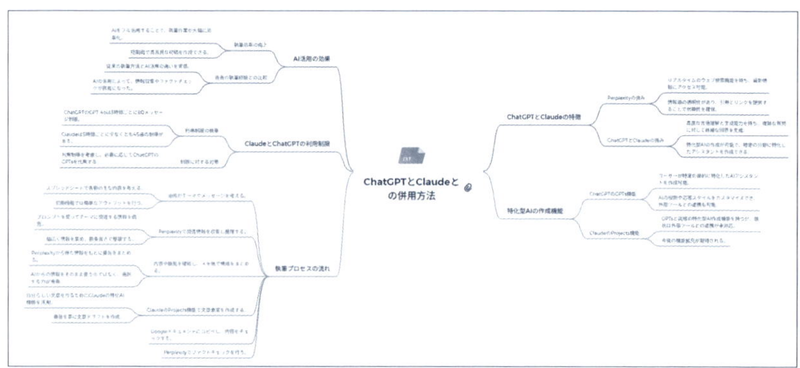

Mapifyで生成されたマインドマップ　mapify.so/ja

Mapifyとは

Mapifyは、生成AIを使ってマインドマップを自動的に作成できるツールです。複雑な情報を視覚的に整理することができ、様々な形式のコンテンツ（ウェブページ、文章、PDF、YouTube動画、画像など）をマインドマップに変換できます。

2024年9月頃からSNSで話題になり、「2024年で一番よかったツール」などの声が上がるほど、人気が高まっています。私自身も1ファンとして、日々利用しています。

無料でもトライアルできますが、利用期間が30日で、利用回数も限られています。本格的に活用する場合は、月額1599円からの有料プランが必要になりますが、まずはトライアルを試してみましょう。なお、有料登録時に以下のプロモーションコードを利用いただくと、10％オフで利用可能です。

コード：MAPIFYIKEDA

それでは、PerplexityとMapifyを組み合わせることで、どのような相乗効果が得られるのか、具体的な活用方法を見ていきましょう。

活用法 1

Perplexityの根拠をMapifyで理解する

Perplexityの大きな価値の1つは、回答の根拠が確認できることです。しかし、1つ1つの情報源をしっかり確認し理解することは容易ではありません。そんな時にMapifyを併用すると、理解がラクです。

以下、具体例として、「マインドマップの効果」をPerplexityで調べてみましょう。

ウェブサイト（ページ）をマインドマップにする

Perplexityで「マインドマップの効果」と検索すると、回答とともに様々な根拠となるサイトが表示されます。ここで、①の根拠を確認します。

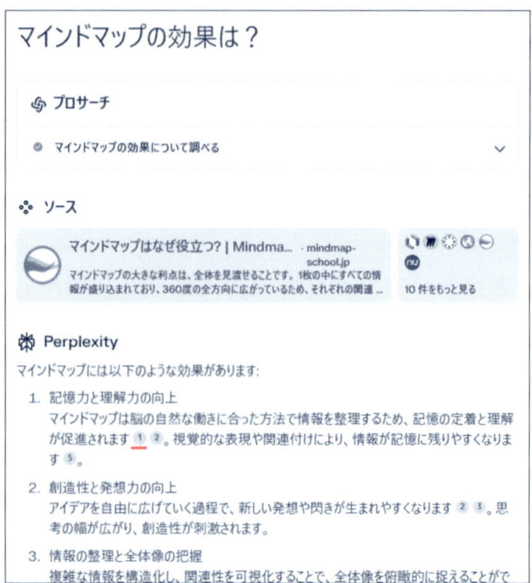

すると、『マインドマップの学校』というサイトの「マインドマップはなぜ役立つ？」という記事が表示されます。図解もあって非常にわかりやすい記事ですが、4000文字程度あり全体を読むのは時間がかかります。

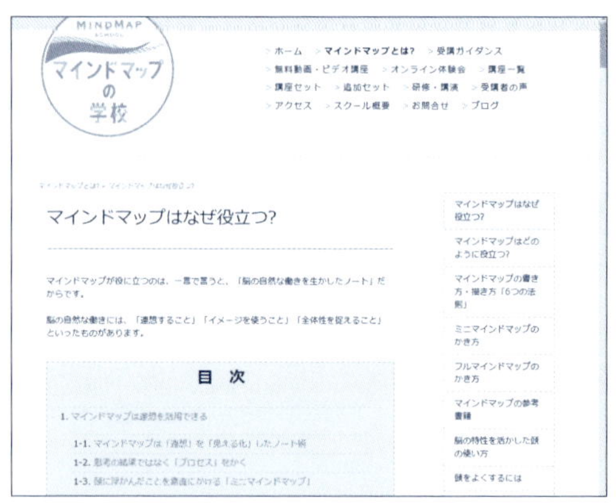

https://www.mindmap-school.jp/mindmap/why/より引用

このページのURLをMapifyに貼り付け、「Mapify❶」というボタンを押します。

ウェブサイトを選択し、下の入力画面にURLを貼り付ける

すると、数十秒程度で、記事内容を以下のようにマインドマップにしてくれます。記事内容の全体像が明確にあり、記事の中でどんな話をしてくれているかが一目で把握できます。

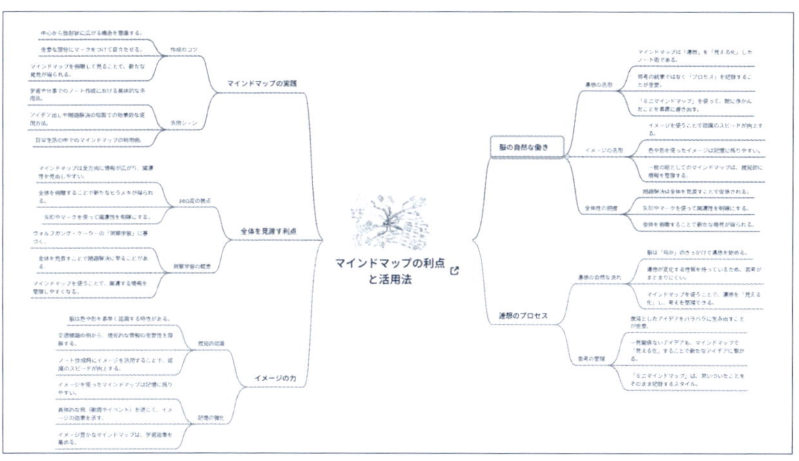

画面を拡大することもできるので、気になる部分を詳細に確認することもできます。

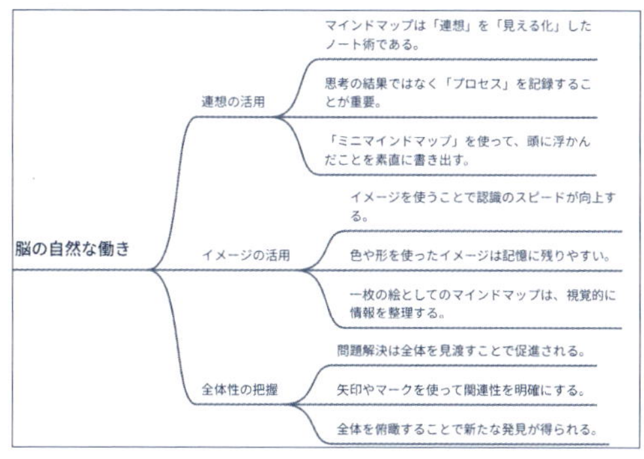

PDFをマインドマップにする

Perplexityは論文やリサーチ結果も検索対象です。主張に対する裏づけを得るには、これらのデータもしっかり把握できることが望ましいです。しかし、論文をしっかり精読するのは大変です。特に日本語以外の論文の場合はなおさらです（残念ながら論文は英語で出ていることが多いです）。

Mapifyは、PDFにも対応し、また英語データをそのまま日本語でまとめてくれます。

例えば以下は、マインドマップの学習における有用性を研究した論文です（『The effectiveness of Using Mind Mapping on Tenth Grade Students' Immediate Achievement and Retention of Electric Energy Concepts』）。15ページほどのPDFデータです。

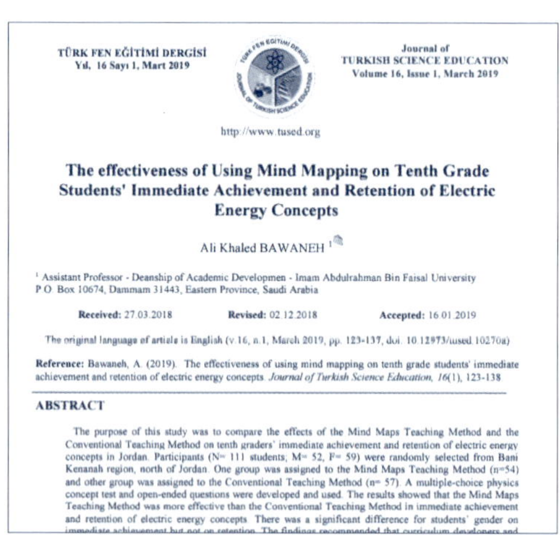

TÜRK FEN EĞİTİMİ DERGİSİ
Yıl, 16 Sayı 1, Mart 2019

Journal of
TURKISH SCIENCE EDUCATION
Volume 16, Issue 1, March 2019

http://www.tused.org

The effectiveness of Using Mind Mapping on Tenth Grade Students' Immediate Achievement and Retention of Electric Energy Concepts

Ali Khaled BAWANEH [1]

[1] Assistant Professor - Deanship of Academic Developmen - Imam Abdulrahman Bin Faisal University
P.O. Box 10674, Dammam 31443, Eastern Province, Saudi Arabia

Received: 27.03.2018 **Revised:** 02.12.2018 **Accepted:** 16.01.2019

The original language of article is English (v.16, n.1, March 2019, pp. 123-137, doi: 10.12973/tused.10270a)

Reference: Bawaneh, A. (2019). The effectiveness of using mind mapping on tenth grade students' immediate achievement and retention of electric energy concepts. *Journal of Turkish Science Education, 16*(1), 123-138.

ABSTRACT

The purpose of this study was to compare the effects of the Mind Maps Teaching Method and the Conventional Teaching Method on tenth graders' immediate achievement and retention of electric energy concepts in Jordan. Participants (N= 111 students; M= 52, F= 59) were randomly selected from Bani Kenanah region, north of Jordan. One group was assigned to the Mind Maps Teaching Method (n=54) and other group was assigned to the Conventional Teaching Method (n= 57). A multiple-choice physics concept test and open-ended questions were developed and used. The results showed that the Mind Maps Teaching Method was more effective than the Conventional Teaching Method in immediate achievement and retention of electric energy concepts. There was a significant difference for students' gender on immediate achievement but not on retention. The findings recommended that curriculum developers and

これをMapifyにアップロードし、「Mapify」ボタンを押します。

PDF/文書を選択し、下の枠にファイルをドラッグ&ドロップするか、クリックしてアップロードする

ものの数十秒で、以下のようなマインドマップにしてくれます。

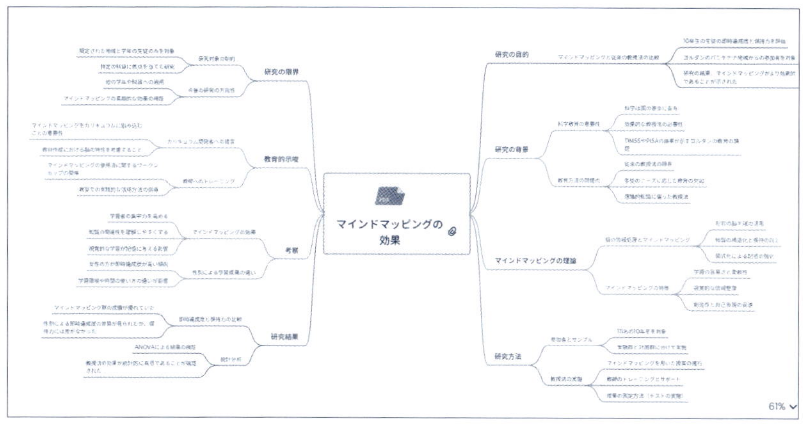

Youtube動画をマインドマップにする

Perplexityは動画も検索範囲です。私もそうですが、最近はYouTubeでメインに情報発信をしているケースもあり、最新情報を得るために動画も重要なソースです。しかし、動画を最初から最後までしっかり見るのは大変です。

なんとここでもMapifyが使えます。例えば以下は、私が作成したYouTubeの動画です。

https://www.youtube.com/watch?v=GVAUrdCc1lo

このYouTubeのURLをMapifyに貼り、「Mapify」ボタンを押します。

YouTubeを選択し、下の入力画面にURLを貼り付ける

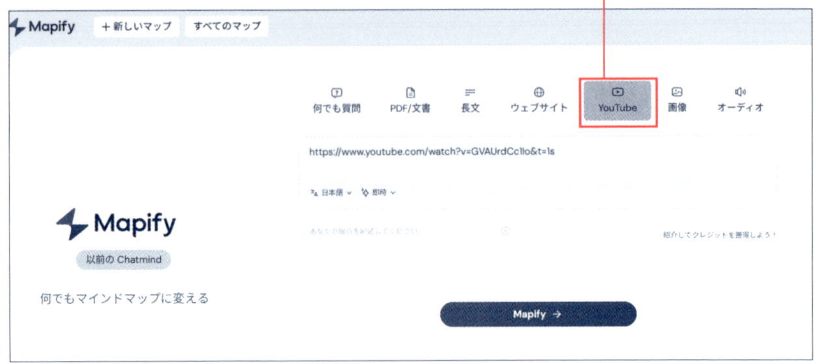

すると、やはり数十秒程度で、以下のようなマインドマップにしてくれます。

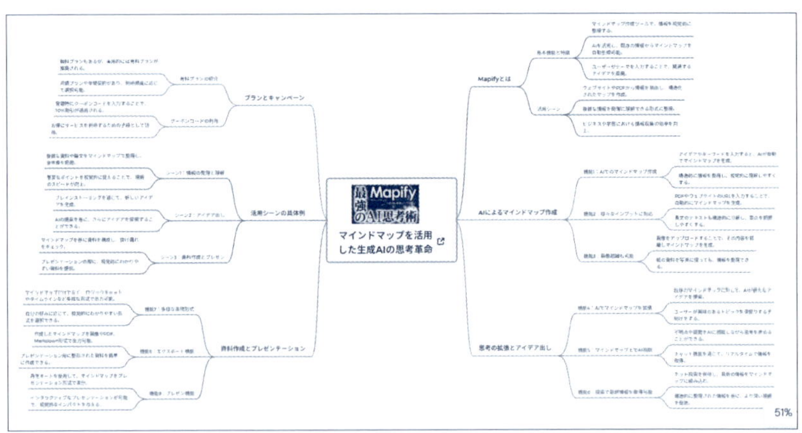

最近は、誰かから動画を共有された際には、動画を見る前にまずMapifyでマインドマップにして概観をつかみ、そこで興味が出たら、初めて動画を見るようにしています。

Perplexityを使って生産性を上げる肝の1つは「いかに早く根拠を理解するか」ですが、そのための補助ツールとしてMapifyは非常に有用です。新しいテーマや難しいトピックを調べるときほど有効です。

活用法2

Perplexityの回答をMapifyで整理する

Perplexityは非常に詳細な回答を提供してくれますが、時として情報量が多すぎて整理が難しいこともあります。そんなときもMapifyの出番です。

以下、具体例として「マインドマップの効果」をPerplexityで調べた結果を、Mapifyを使って可視化し、伝えやすくしてみます。

まずPerplexityで、スレッドの内容を改めてまとめてもらいます。以下のように文章としてはわかりやすく整理してくれました。が、これだけではやや単調です。

上記の内容をまとめ「マインドマップの効果」をわかりやすくまとめてください。

Perplexity

マインドマップの効果について、以下のようにまとめることができます:

1. 学習効果の向上
- 記憶力と理解力が向上し、情報の長期的な保持が促進されます 1 5 9。
- 複雑な情報の構造化と全体像の把握が容易になります 1 2。
- 批判的思考力や問題解決能力が向上します 2 7。

2. 創造性と思考力の向上
- アイデアの発想や創造的思考が促進されます 1 2。
- 視覚的・空間的思考力が高まります 7。

3. 学習意欲と集中力の向上
- 学習への興味や意欲が高まります 1 9。
- 授業への参加度や集中力が向上します 9。

4. 情報整理と生産性の向上
- 情報の整理や要約が効率的になります 1 2。
- 学習や作業の時間短縮につながります 1。

5. コミュニケーションツールとしての活用
- アイデアや計画の共有が容易になります 1。
- グループ学習や協働作業に役立ちます 2。

6. 多様な学習スタイルへの対応
- 視覚的学習者に特に効果的です 9。
- 言語的・空間的知能の発達を促します 7。

7. 評価ツールとしての活用
- 学習者の理解度や創造性の評価に活用できます 7。

複数の研究結果から、マインドマップは従来の学習方法と比較して、特に長期的な情報保持や創造的思考の促進に効果があることが示されています 5 9 10。ただし、効果を最大限に引き出すには、適切な訓練や慣れが必要であることも指摘されています 9 10。

この内容をコピーして、Mapifyで表示します。まず、Perplexityの画面下部の右下にある、コピーアイコンを押します。

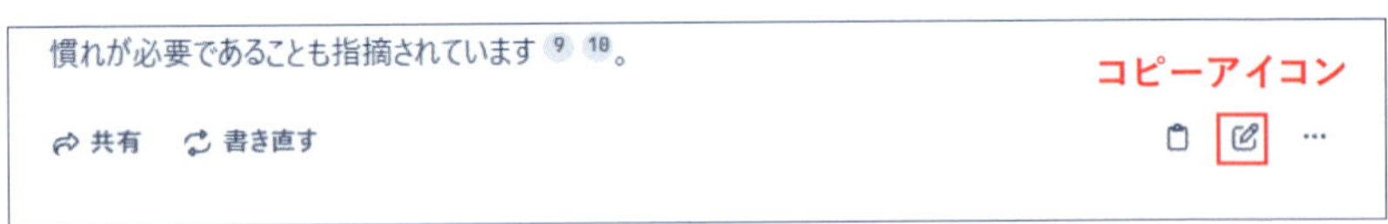

次にMapifyを開き、「長文❶」を選択し、内容を入力画面にペーストし、「Mapify」ボタンを押します。

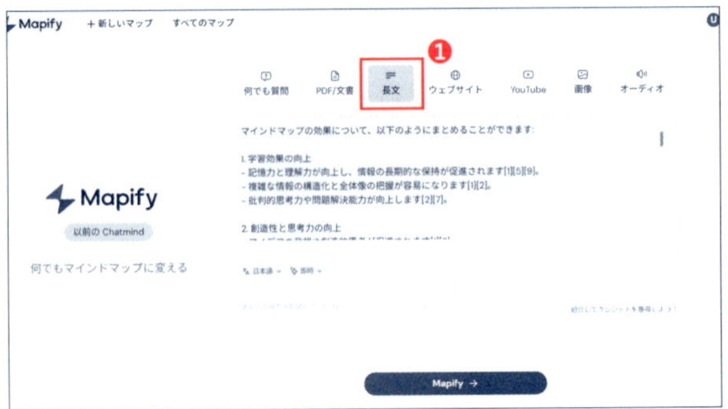

すると、以下のようにマインドマップとして可視化してくれます。文章だけよりも、全体像が把握しやすく、見た目もインパクトがあります。

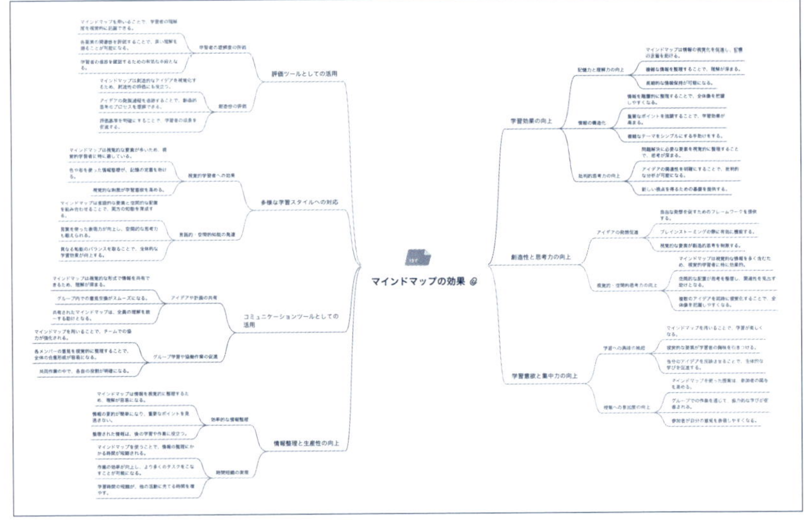

またMapifyは、マインドマップ以外の表現パターンにも対応しています。

以下は「グリッド❷」で同じ内容を表現したものです。こちらの方が資料として見やすくなっています。

このままPDFファイルに出力すると、ただのテキストデータから、整理された「資料」として活用しやすくなります。実際に私もビジネスにおいて、このようにMapifyで整理して資料化したものを共有することが増えています。

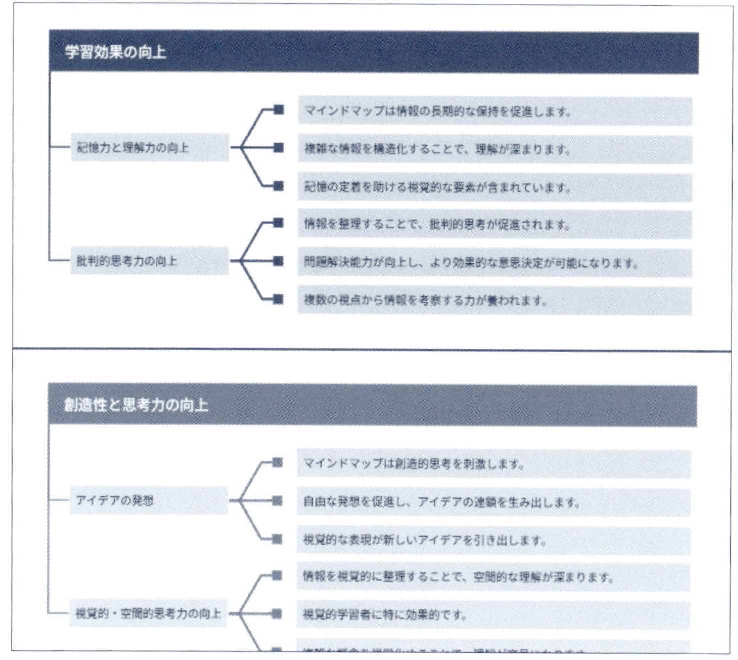

このように、PerplexityとMapifyの併用により、「情報を理解する」「情報をより整理する」という2つの効果があります。ぜひ試してみてください。

9

Perplexity時代の働き方・未来

生成AIがビジネスの現場を大きく変えています。最後章では、生成AI時代の働き方の変化、企業における2つの生成AI活用サイクル、AI活用にまつわる倫理的な課題、この時代における人間に必要な能力まで、生成AIと人間が協調しながら、より創造的な未来を築いていくために必要な知見と展望を著者の実務経験を踏まえて説明します。

生成AI時代の新しい働き方

生成AIの登場により、私たちの働き方は大きく変わろうとしています。ボストンコンサルティンググループ（BCG）の世界15ヶ国・1.3万人以上を対象に行われた調査（AI at Work 2024：Friend and Foe）によると、生成AIを使用している回答者の58%が「生成AIツールを使うことで週に少なくとも5時間を節約できる」と回答しています。仮に各国の労働状況が週5日勤務を前提とすると、1日1時間を削減できていることになります。

日本企業でも、生成AIの導入による業務効率化の成果が表れています。GMOインターネットグループは、2024年7月時点で、生成AIを利用することで、1人あたり「26.8時間／月」の業務時間削減があると回答しています。これにより、グループ全体でなんと「約13.2万時間／月」の削減を実現できているとのことです。GMOでは四半期ごとにこの数値を公開してくれていますが、1人あたりの削減時間は2024年4月時点では「24.7時間／月」であり、驚くべきことにわずか3ヶ月の間で「約2時間／月」も短縮しています。生成AIを使い慣れていくことで、さらなる効率化が期待されます。

Perplexityが変える日常業務の風景

中でもPerplexityの登場により、インターネットでの検索を伴う日常業務が大きく変わろうとしています。

従来の業務プロセスでは、「調査設計 ➡ 情報収集 ➡ 整理 ➡ 考察」のサイクルを人力で行っていました。このプロセスは1サイクルを回すのに数十分から数時間、人によっては何日もかかり、その質も人によってばらつきが大きくあります。

しかし、Perplexityを使うことで、1サイクルが数十秒から数分で完了し、かつ質も安定します。これにより、同じ時間でより多くのサイクルを回すことが可能になり、業務の質と量の両面で圧倒的な効率化が期待できます。

実際に私自身も、本書で紹介したような様々なシーンでPerplexityを使うことで調査の時短・質の両面で大きな成果を感じています。また私が支援する様々な企業においても、Perplexityを使った顧客提案の事前調査や準備を提案すると、その精度に大いに驚かれ、喜ばれます。

AIアシスタントとの新しい協働モデル

生成AI時代には、ChatGPTやPerplexityをはじめとする「AIアシスタント」との協働が当然になります。

AIの役割は、高速な情報収集と整理、大量のアイデア生成、文章や提案の下書き作成などです。これらの作業の効率性については、AIと人間にはすでに圧倒的な差がありますし、これからもこの差は開き続ける一方です。

一方、人間の役割は、AIがまとめた結果の確認や検証、アイデアの取捨選択、文章や提案の最終化や意思決定を行うことになります。AIによるアウトプットは完璧とは程遠いですし、AIが責任主体にはなり得ません。AIをアシスタントとして使いこなしつつ、人間ならではの仕事を行うことが求められます。

今後、Perplexityのような高度な検索・分析ツールや、それ以外のAIツールがさらに発展していくことは間違いありません。これらのAIを効果的に活用するためには、AIの特性や限界を理解し、適切に協働するスキルを身につけることが重要です。

企業の生成AI活用2つのサイクル

生成AIは業務生産性アップに大きく寄与するため、多くの企業が導入を考えています。私は「生成AIのビジネス活用支援」を事業として行っており、多くの企業の導入支援を現在も行っていますが、生成AIの組織展開には、大きく2つのサイクルがあります。

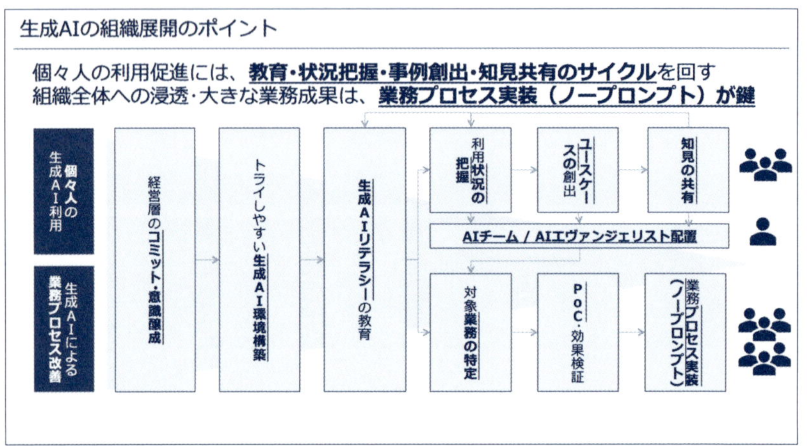

サイクル1

生成AIの標準ツール化（個々人の生成AI利用）

このサイクルは、組織内の一人一人が生成AIを日常的に使いこなせるようにすることを目的としています。生成AIを、ワープロソフトや表計算ソフトと同じように、誰もが当たり前に使える「標準ツール」として定着させることを目指します。

この取り組みにより、企業としては「1人あたりの生産性向上」と「利用者の拡大（利用率アップ）」を目指します。

前者（生産性向上）については「1人1日1時間の削減」がまずは目指すべき数値の目安になります。なお実際の生成AIの効果としては、単に時間削減（量的な改善）だけではなく、アウトプットのクオリティが上がったり、上司・同僚とのコミュニケーションがスムーズになるなどの質的な向上もあります。アンケートなどで利用状況を把握する際には、削減時間だけでなく、「仕事のクオリティアップへの寄与」も同時に把握することをおすすめします。

後者（利用率アップ）については、業界や企業規模にもよりますが、IT系・システム系であれば6〜7割、それ以外の業界であれば3〜5割程度が当面の目標になっている印象があります。大企業で人数が多い場合や、AIへの抵抗感が強い場合、利用率が10％未満でなかなか普及しないという課題もよく耳にします。ChatGPTやPerplexityなどの生成AIは、ほとんどの仕事において何かしら活用シーンがあるものの、職種・業務内容により導入しやすさ・導入の価値は大きく異なります。現実的な目標ラインを考えていきましょう。

サイクル2

生成AIでの業務プロセス変革

このサイクルは、特定の業務プロセスに生成AIを組み込み、大きな成果を生み出すことを目指します。個々人の利用を超えて、組織の業務の仕組み自体を変革します。

サイクル1（生成AIの標準ツール化）では、社内全員がしっかりと業務で活用できる状態を目指しますが、現実的に全員がしっかり使いこなすのは困難です。このサイクル2は、特定の業務プロセスにおいては、仕組みやシステムの中に生成AIを必須過程として埋め込んでしまうことで、1人1人が意識せずとも自然に利用する状態を実現します。

私が実際に支援する中で、この「生成AIでの業務プロセス変革」のテーマとして多いのは以下のようなものです。

社内問い合わせ　過去のQ&Aや社内データを使い、AIチャットなどを通じて対応の半自動化を目指す。

カスタマーサポート　過去のQ&Aや社内データを使い、AIチャットやQ&Aツールなどを通じて、担当者の教育効率アップ・対応の半自動化を目指す。

営業　過去の商談データを用いて、顧客タイプ・課題を整理した上で、商談準備・商談内容チェック・商談後の提案作成などの半自動化を目指す。
採用　過去の採用データ・面談データを用いて、候補者のタイプを整理した上で、面談準備・面談内容チェック・採用の合否判定・面談後フォローなどの半自動化を目指す。
コンテンツ作成　これまでのアウトプットや知見を踏まえ、企画・構成立案・文章作成・チェックなどの各工程の大幅な効率化を目指す。

上記の中でも、営業においては「顧客の情報をインターネットの公開情報から調べる」ことが必須になるため、プロセスの中の1つのツールとしてPerplexityを提案することが増えています。先日もある企業において、「エースの営業担当の知見・ノウハウを、生成AIを活用し、新人に使えるようにする」というテーマにおいて、Perplexityを使った顧客理解・事前準備を提案しました。プロンプトを工夫することで、単に情報収集だけでなく、精度の高い「顧客への質問案」まで作成でき、またPerplexityの強みである「根拠をちゃんと確認できる」ことを伝えると大変喜ばれました。この具体例は第3章の「営業前の仮説立案」をご覧ください（74頁）。

なお「業務プロセスの変革」というと「すべてAIで自動化できる」と思う方もいらっしゃると思いますが、現時点ではこの発想は避けましょう。生成AIは「新たに生成する」という特性上、ミスが発生することもありますし、精度も完璧ではありません。AIを使った処理の後には、必ず人間がチェック・確認・最終化するというプロセスを置きましょう。逆に、人間のチェック工程を置くことを前提とすれば、数週間から数ヶ月程度で抜本的にプロセスを変え、大きな成果を出すことも可能です。

サイクルを実現するためのポイント

様々な支援の中で、これら2つのサイクルを効果的に回すためのポイントがわかってきました。本書の主眼ではありませんが、Perplexityを含む生成AIをいかに企業で使っていくかを考えたい人も多いと思うので、端的に紹介します。

共通のプロセス

2つのサイクルに共通するプロセスは以下の通りです。

経営者のコミット　経営層が生成AI活用の明確な方針を出し、また自分自身でも積極的に利用することで、組織全体のAI活用の機運を高めます。組織の中には生成AIに対して抵抗感があったり、そもそも新しいことに取り組みたくない人もいます。そういった人を説得する際には「トップの御旗」が役に立ちます。

使いやすい生成AI環境の構築　会社として利用できる生成AI環境を構築し、またシンプルでわかりやすいガイドラインを策定します。あまり複雑なルールを設定すると「怖くて利用できない」という状態になってしまうので要注意です。「個人情報と機密情報は入れない」「生成AIのアウトプットは必ず自分でチェックしてから使う」程度のシンプルさが望ましいです。

生成AIリテラシーの教育　環境があっても、ほとんどの人は生成AIを使ったことがありません。基本的なツールの使い方から、自分自身の業務でどのように活用できるかについて、段階的な教育プログラムを提供しましょう。特に課題になるのは「自分の業務でどう使えるかがわからない」という点ですが、これらを考える際にもサポートツールとして生成AIを活用できます。

私のLINEに登録いただくと、業務内容を入力するだけで「ChatGPTなどの生成AIをどこで使えそうか」を提案してくれる「AIいけとも」というサービスを無料提供しています（詳細は巻末)。これらを使うことで「自分の業務でもこんなことに使えるんだな」という気づきを提供できます。

サイクル1（生成AIの標準ツール化）でのポイント

サイクル1を効果的に回すためには、以下のポイントに注目する必要があります。

利用状況の把握　定期的な調査により、部署別の利用率や効果を測定します。利用ツールのログを分析したり、四半期・半期ごとにアンケートを実施することで、利用率・活用頻度・主な用途・生産性向上の度合いを明らかにします。これにより、組織全体の生成AI活用の現状を把握し、改善点や成功事例を見出すことができます。

ユースケースの創出　社内での成功事例を積極的に発掘し、共有します。「利用状況の把握」で行うアンケート内に自由回答を設けて事例を収集しつつ、必要に応じて個別インタビューを行い、社内での成功ケースを収集します。

知見の共有　様々な社内広報を通じ、AI活用事例や知見を定期的に発信します。社内ポータルサイト、社内報、全社会、朝会、成功事例発表会などがあります。

上記の取り組みを定期的に行いつつ、下記のような体制・役割を作れると望ましいでしょう。私が支援する企業では、専業でこの役割にアサインするケースはまだ少なく、兼務で行っているケースがほとんどです。

AI推進チーム／AIエヴァンジェリストの配置　部署ごとにAI推進担当者を置き、組織全体でのAI活用を推進します。各部署から意欲的な社員を選出または募集し、特別な研修やサポートを提供します。エヴァンジェリストによる部署内での勉強会や個別サポートの実施により、各部署に合わせたきめ細かなAI活用支援が可能になります。

サイクル2（生成AIでの業務プロセス変革）でのポイント

サイクル2を効果的に回すためには、以下のポイントがあります。

対象業務の特定　AI活用による効果が高い業務領域を選定します。先ほど紹介したような事例を参考に、優先度の高い業務領域を選定します。トップダウンで「全社の業務プロセスの棚卸し」を行おうとすると動きが重くなるので、ボトムアップで「効率化したい業務を現場から募集」することを個人的にはおすすめします。まずはそのいくつかを取り上げ、成果を出し、機運が高まって予算がついたら大々的に行いましょう。

PoC・効果検証　対象業務について、まずはスモールスタートを行います。この段階では、独自システムの開発や既存システムの大きな改修などは行わず、既存サービスと人力を組み合わせてローコストでトライすることをおすすめします。

業務プロセスへの実装　PoCで十分に価値が検証できたら、独自システム・既存システムの改修も見据えてしっかり本格実装を行いましょう。なお生成AIは進化が激しいため、生成AIを活用する部分は後からAIモデルの変更ができるように設計しましょう。

これらのポイントを押さえつつ、2つのサイクルを継続的に回すことで、生成AIの組織展開を成功に導き、個人の生産性向上と組織全体の競争力強化を実現することができるでしょう。

生成AIへの抵抗・AI時代の倫理感

生成AI時代の新しい働き方や、個人や企業の生産性を劇的に高める可能性を紹介してきましたが、当然ながらAIへの抵抗や様々な懸念もあるでしょう。ここでは、よく議論に上がるトピックについて、私見を述べたいと思います。最終的には個々人が自分の意思で判断すべきテーマではありますが、1つの参考になれば幸いです。

AIが人間の仕事を奪う？

多くの人々がAIによって自分の仕事が奪われるのではないかと懸念しています。MicrosoftとLinkedInによる「The 2024 Work Trend Index Annual Report」によると、世界の知識労働者の45%がAIに仕事を奪われる可能性を心配しているそうです。

AI Singapore のAIイノベーション部門ディレクターであるLaurence Liew氏は、直接的な脅威は「AIそのものが仕事を奪う」ことではなく、「AIを使いこなす人間が他の人間の仕事を奪う」ことだと指摘しています。つまり、AIを効果的に活用できる人材が、そうでない人材よりも競争力を持つ時代が来ているのです。

ある人の生産性が仮に2倍（1人で2人分の仕事ができる状態）になったとし、仕事量が一定であれば、当然ながらその業務で雇用される人数は半分になります。企業判断としては、余剰な人員を採用していくのは経済合理性がないわけなので、このような流れは今後不可避でしょう。ほとんどの業務において、AIを使いこなせる人材の付加価値は高まり、そうでない人材の付加価値は相対的に下がってしまうでしょう。

より楽しく仕事をするためにも、「AIを使いこなす側」になった方が有利であることは間違いないでしょう。

AIが仕事の楽しさ・創造性を奪う？

ビジネス・経済的な観点では、生産性は極めて重要です。そのため「仕事」という側面では「AIを使いこなす」ことは不可避でしょう。

他方、AIを使うことが、仕事の楽しさや創造性を奪うという懸念もあります。

2024年8月、デジタルアートツール「Procreate」を開発するSavage Interactive社のCEO、James Cudaが「反生成AI」の声明を発表しました。この声明は、クリエイティブ業界における生成AIの影響に対する懸念を表明したものであり、多くのアーティストやデザイナーの間で大きな反響を呼びました。以下は同社サイトに掲載されている文章です。

「生成AIは人々の創作力を奪略しています。盗作を軸に学習する生成AIのテクノロジーは、私たちを不毛な未来へと導いています。機械学習にはたくさんのメリットがありますが、Procreateの未来には生成AIはないと判断しました。

私たちは人間のクリエイティビティのためにここにいて、人々の道徳の脅威となるテクノロジーを追わず、人々の宝石とも言えるヒューマン・クリエイティビティを賞賛します。テクノロジーラッシュの末端の中で当社の考えは稀かもしれません。そして、未来に取り残されているようにも見えるかもしれませんが、この険しい道のほうがコミュニティにとってよりエキサイティングで実りある道であると考えています」

https://procreate.com/jp/aiより

9

Perplexity時代の働き方・未来

個人的には、経済合理性の観点から、ほとんどの「仕事」において、生成AI導入を否定することは難しいと思っています。しかし、個人の楽しさを担保するという視点においては、以下のような可能性も同時に模索した方がよいだろうとも思います。

1つ目は「アーティスト」として、作業そのものに価値を見出し、それを支持してくれる人々を集めることができます。例えば、クラウドファンディングを活用し、創作過程を共有しながら支援を募ったり、プロセスエコノミー（制作過程そのものに価値を見出す経済モデル）に基づいたビジネスモデルを構築するなどです。これらの方法により、AIには真似できない人間ならではの創造プロセスに経済価値をつけることは可能でしょう。

2つ目はシンプルですが、仕事と「趣味」を分ける形です。仕事においてはAIをフル活用して生産性を重視しつつ、個人の時間では、純粋に創作を楽しむというアプローチも考えられます。

これらの議論は世界中で話題になり、まだ絶対解やコンセンサスは存在しません。自分自身の頭で考え、判断していきましょう。

AIにより人間は知的能力を失うのか？

AIへの依存度が高まることで、人間の知的能力や思考力が低下するのではないかという懸念もあります。ここについては、「これまでの知的能力」と「AI時代の知的能力」がそもそも異なると思っています。

経済産業省が行った、デジタル時代の人材政策に関する検討会の第9回（2023年7月6日）の資料『デジタル／生成AI時代に求められる人材育成のあり方』では、次のような仕事の変化に関する概念が示されました。「作業（ナレッジ検索やアウトプット作成）」が大幅に削減され、代わりに「入口（問いの設定）」と「出口（品質確認・レビュー）」が重要になるという指摘です。

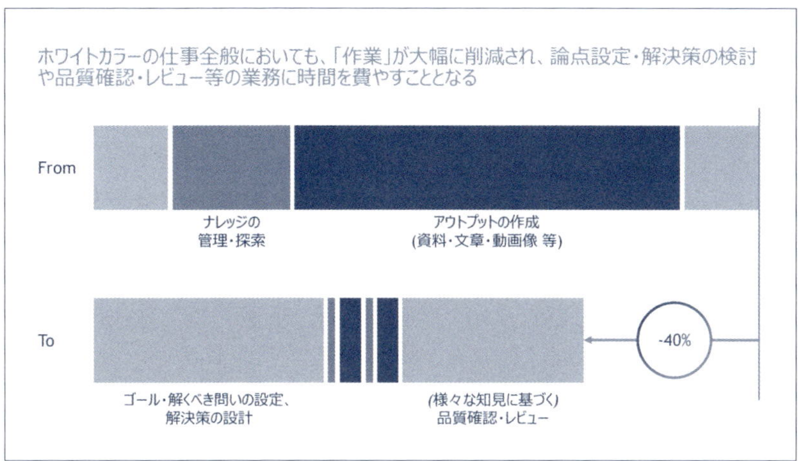

「デジタル／生成AI時代に求められる人材育成のあり方」（経済産業省ホームページ内）より引用

これからのAI時代における知的能力とは、「作業」をこなす力ではなく、適切な指示を出せる能力（入口）と、AIの出力結果を評価・改善できる能力（出口）になるのではないでしょうか。

AIの回答は本当に合っているの？

これは本書でも何度も指摘した点ですが、AIの回答を無批判に受け入れることは非常に危険です。ChatGPTなどの生成AIでは、間違った回答をさも合っているかのように出力するハルシネーションが問題になっています。

Perplexityは、この問題を「毎回検索し、根拠を表示する」という方法で解決しようと試みてはいますが、それでも以下のようなケースに課題が残ります。

＊適切な情報源を検索できない場合。
＊情報源自体がそもそも間違っている場合。
＊正しい情報源を参照しているが、AIが誤って解釈して出力しまう場合。

AIの回答を使用する際は、必ず人間が確認する責任があります。情報の正確性を確認し、必要に応じて修正を行いましょう。

AIが「つまらないコンテンツ」を量産してしまうのでは？

AIが大量のありきたりなコンテンツを生成することで、オリジナリティのある価値あるコンテンツが埋もれてしまうのではないかという懸念があります。

コンテンツの評価といえば、検索エンジンであり、Googleです。同社は長年、「価値があるコンテンツを見出すにはどうしたらいいか？」に多大な投資と労力をかけてきました。当然ながら、この論点にあるような「つまらないコンテンツ」をいかに除外するかはGoogleにとっても極めて重要な関心事です。

そのGoogleが2023年2月に出した「AI生成コンテンツに関するGoogle検索のガイダンス」から、本件に関わる重要なポイントを抜粋します。

制作方法を問わず高品質のコンテンツを評価

Google のランキングシステムは、E-E-A-T（専門性、エクスペリエンス、権威性、信頼性）で評される品質を満たした、オリジナルかつ高品質のコンテンツを評価することを目的としています。

AI 生成コンテンツを使用しているかどうかにかかわらず、このような方法でコンテンツを評価することにより、Google 検索システムの評価基準に沿ったコンテンツの作成が可能になります。

AI 生成コンテンツは Google 検索のガイドラインに抵触しますか？

AI や自動化は、適切に使用している限りは Google のガイドラインの違反になりません。

Google 検索で AI 生成コンテンツを禁止しないのはなぜですか？

自動化は有用なコンテンツを作成するために制作の現場で長い間使用されてきました。AI を活用することで、これまでにない面白い方法で有用なコンテンツを作成したり、コンテンツをさらに改善したりできます。

Googleによれば前述のように、大事なのは「最終的に価値あるコンテンツが作られた」ことであり、その過程として「AIを使ったかどうか」は問題ではないわけです。

当然ながら、すべてAIに任せたコンテンツが価値あるコンテンツになることは稀でしょう。本書においても、構成立案・調査・下書き作成と至るところで生成AIをフル活用していますが、全工程で私や編集者の山田さんがチェックし、取捨選択し、最終化しています。

重要なのは、AIが生成したコンテンツを自分で確認・編集し、独自の視点や経験を加えて「自分の味つけ」をすることです。このプロセスを経ることで、AIを使いつつも、オリジナリティと価値のあるコンテンツを作成できます。

AIが作ったコンテンツは著作権違反しているのでは？

この懸念は確かにあり、今現在、多くのAI開発会社が様々な著作権にまつわる訴訟を起こされています。

例えばChatGPTを開発しているOpenAIは、新聞社や作家団体から、許可なく著作物を学習データとして用いたという理由で訴訟されています。

文章だけでなく、画像・動画・音楽などでも様々な訴訟が起こっています。2024年8月には、画像生成AIで有名なStability AIやMidjourneyなどの数社への訴訟（著作物を学習データに使ったこと）について、著作権侵害の申し立てに根拠があるとして、ディスカバリーフェーズ（各当事者が証拠や情報を交換する段階）に進むことが認められました。

ほとんどの訴訟は係争中で今後の結論が待たれる状況ですが、このような状況を見ると、実際に利用者としては著作権にまつわる懸念が高まるのは当然でしょう。

これらの状況も踏まえつつ、利用者としてリスクを回避して適正に利用するには、現時点では以下のような配慮が求められます。

＊プロンプトに著作物を含めない。

＊出力結果を確認する。テキストや画像を検索し、完全な類似がないこと

を確認するなど。

＊利用範囲を限定する。まずは社内での業務利用に絞るなど。

＊信頼できるAIモデルを使う　テキスト系でAIモデル自体が問題になることは少ないが、画像・映像の場合は話題になりやすい。Adobe Fireflyは、著作権フリーのデータのみでAI学習していることを明示しているので、ビジネスで使われやすい印象。

AIのアウトプットはあくまでもドラフトとして扱い、必ず情報の根拠を確認しましょう。そのような過程を効率的に行うツールとしてもPerplexityは非常に便利です。

生成AI時代に求められる人間の能力とは

生成AI時代には、これまで以上に、より「人間らしい」能力が求められると思っています。私としては、以下の4つが特に重要だと考えています。

志気力

> やる気や熱意を持ち、目標に向かってあきらめずに挑戦、行動する力。

共創力

> 他者と信頼関係を構築し、協力し、一緒に仕事をする能力。多様な意見や専門性を統合し、革新的なアイデアを創出する力。

認知力

> 情報を正確に理解し、適切に判断する能力。大量の情報から重要な点を見抜き、的確な意思決定を行う力。

編集力

> 収集した情報を整理し、価値ある形に組み立てる能力。散在する情報や知識を有機的に結びつけ、新たな意味を創造する力。

本書刊行も「4つの能力」があってこそ

本書の制作過程は、これら4つの能力が実際にどのように発揮されるかを示す好例となりました。

志気力　そもそものキッカケは、Perplexityを1ユーザとして使う中で「これは極めて有用なサービスであり、情報を広げたい。そのために出版もしたい」という意思が芽生えました。元々付き合いがあった何社かに企画を持ちかけたのですが、「ChatGPTに比べてニッチすぎる」という理由で断られました。しかしそこであきらめることなく声をかけ、発信を続けました。

共創力　そんな中で本書の担当である山田さんからお声がけをいただきました。これまでお付き合いは一切ありませんでしたが、山田さんは私のYouTubeを見て人となりや経歴を知っていただいており、またコミュニケーションを通じて実際に信頼できると判断していただき、出版企画を通してもらいました。相談しながら、タイトルや構成、内容を固めました。

認知力　本書の内容を作るにあたっては、各章・各節でPerplexityを使って情報収集を行い、根拠を確認し、これまで知らなかった内容を理解したり、また再確認を行っていきました。またYouTubeの視聴者にアンケートで活用事例を募り、それぞれを実際に自分で試して精査し、活用の仕方をさらに体得していきました。

編集力　集めた様々な情報や、生成AIが作成してくれたドラフトを活用し、伝えたいメッセージを自分が納得感のある形でまとめました。初稿については、他の仕事も並走しつつ、わずか10日で書き上げることができました。もちろん、初稿以降も何度も推敲を重ねており、AI任せではまったくなく、あくまでもツールとして利用しています。

この4つの能力のどれか1つでも欠けていたら、本書の刊行はなかったと思います。これらの能力を育む機会をいただいた仕事・経験・繋がりのある皆さんには、あらためて感謝の気持ちでいっぱいです。

おわりに

Perplexityのすごさ、本書で理解していただけたでしょうか。情報収集の代替だけではなく、そもそもの調査企画、情報の整理や比較、そこからの洞察まで、Perplexityは様々な場面で私たちを強力にサポートしてくれます。

本書は企画から刊行まで3ヶ月と、非常にスピーディに完成しました。少しでも早く情報を届けたいという気持ちでしたが、異例のスピード感にご同意いただいた芸術新聞社の山田さんには大変感謝しています。また、本書内で都度言及しておりますが、快くご自身の活用事例やノウハウを提供いただいた、私の公式LINEにご登録いただいている皆さんもありがとうございました。皆さんのご協力を得て、一人でも多くの方々にPerplexityのよさを知っていただけるよう、全力で広めていきます。

生成AI領域は進化が非常に早く、本書の執筆中にもPerplexityに新機能や新たなAIモデルが追加されるなど、その流れは留まるところを知りません。また、OpenAIのSearchGPTやGensparkなど「検索エンジン＋生成AI」の類似・競合サービスも次々と登場しています。

しかし、機能やツール自体が多少変わったとしても、人間側がその使い方を理解していなければ使いこなせません。本書で紹介した「どんなシーンでAIを使うべきか」という活用事例を知り、実際に使い、慣れることで、さらに進化する様々なAIを適切に活用し、最大限の効果を引き出すことができます。ぜひ本書を参考に、どんどんPerplexityを使い倒してください。

さらにPerplexityや生成AIの使い方や理解を深めたい方、最新の情報を入手したい方は、巻末にある私の公式LINEにぜひご登録ください。本書限定の様々な特典に加え、毎週日曜日に生成AI領域の最新ニュースをまとめて配信したり、無料で参加可能なイベントをご案内しています。

皆さんがAI時代の最前線で活躍されることを心より願っています。さあ、Perplexityとともに、新たな時代を楽しみましょう！

池田朋弘　いけだ・ともひろ

株式会社Workstyle Evolution代表取締役。1984年生まれ。早稲田大学卒業。2013年に独立後、連続起業家として、計8社を創業、4回のM＆A（Exit）を経験。起業経験と最新の生成AIに関する知識を強みに、ChatGPTなどのビジネス業務への導入支援、プロダクト開発、研修・ワークショップなどを60社以上に実施。著書『ChatGPT最強の仕事術』は3.3万部を突破。YouTubeチャンネル「リモートワーク研究所」では、ChatGPTや最新AIツールの活用法を独自のビジネス視点から解説し、チャンネル登録数は14万人超（2025年1月時点）。

YouTube
リモートワーク研究所
https://www.youtube.com/@remote-work/featured

公式LINE
いけとも公式_リモ研／生成AI活用

購読者特典について

公式LINE登録後に「最強検索」と入力すれば以下の特典がご利用できます。
❶本の内容を学習したPerplexity活用相談AIチャット
❷超初心者向け Perplexityの使い方動画
❸Perplexity×Claudeでの書籍作成の実演
❹Perplexityの営業仮説立案のプロンプト実例（74頁）
※特典内容は予告なく変更または終了する場合がございます。あらかじめご了承ください。

Perplexity　最強のAI検索術

2024年11月30日　初版第1刷発行
2025年1月25日　　　第2刷発行

著者　池田朋弘
発行者　相澤正夫
発行所　芸術新聞社
〒101-0052
東京都千代田区神田小川町2-3-12
神田小川町ビル
TEL 03-5280-9081（販売課）
FAX 03-5280-9088
印刷・製本　株式会社光邦
デザイン　前田啓文（HMD）

ISBN 978-4-87586-720-3